陕西专利数据分析
2019

陕西省科学技术情报研究院◎编

科学技术文献出版社
SCIENTIFIC AND TECHNICAL DOCUMENTATION PRESS
·北京·

图书在版编目（CIP）数据

陕西专利数据分析. 2019 / 陕西省科学技术情报研究院编. —北京：科学技术文献出版社，
2020. 12

ISBN 978-7-5189-7621-8

Ⅰ. ①陕… Ⅱ. ①陕… Ⅲ. ①专利—分析—数据处理—陕西—2019 Ⅳ. ① G306. 72

中国版本图书馆 CIP 数据核字（2020）第 266753 号

陕西专利数据分析2019

策划编辑：李　蕊　　责任编辑：张　红　　责任校对：王瑞瑞　　责任出版：张志平

出　版　者	科学技术文献出版社	
地　　　址	北京市复兴路15号　　邮编 100038	
编　务　部	（010）58882938，58882087（传真）	
发　行　部	（010）58882868，58882870（传真）	
邮　购　部	（010）58882873	
官 方 网 址	www.stdp.com.cn	
发　行　者	科学技术文献出版社发行　全国各地新华书店经销	
印　刷　者	北京时尚印佳彩色印刷有限公司	
版　　　次	2020 年 12 月第 1 版　2020 年 12 月第 1 次印刷	
开　　　本	889×1194　1/16	
字　　　数	145千	
印　　　张	7.75	
书　　　号	ISBN 978-7-5189-7621-8	
定　　　价	58.00元	

编写组

主　　编：张　薇

副 主 编：张秀妮

编写人员：（按姓名拼音排序）

高　尧　龚　娟　胡启萌　李　娟　李　鹏

钱　虹　武　茜　辛　一　杨程凯　周立秋

前　言

专利作为技术创新成果的要素之一，可以从一个侧面反映一个组织或地区的创新能力。《陕西专利数据分析 2019》对 2019 年陕西的国内外专利公开数据进行多维度分析，展示陕西省专利的全貌及特征，揭示陕西省在几个主要技术领域技术创新的优势和不足。

本书以 incoPat 专利数据库、德温特专利数据库，以及中国、美国、日本、韩国，世界知识产权组织、欧洲专利局"四国两组织"的专利官网为数据源，从专利公开量、授权量、有效发明专利、主要申请主体、技术分类 5 个维度对 2019 年陕西省全省及 10 个地市的专利数据进行分析，并遴选了"硬科技"八大领域中具有技术优势的 8 个技术方向（航空航天、图像处理、存储芯片、量子通信、新材料、生物医药、太阳能、数控机床）进行了重点分析。

专利数据整理分析涉及数据采集、清洗、分类、核准等繁杂而细致的工作，在每年度分析中会对上一年度的检索路径和方法进行优化。由于受数据源多样性及数据分析人员专业知识所限，书中疏漏和差错在所难免，真诚希望读者给予理解和指导，将发现的错误及改进意见反馈给我们，以便今后不断完善。

专利情报分析研究组

2020 年 7 月

目　录

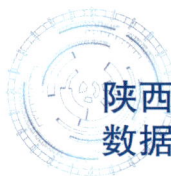

第一章

陕西专利数据总览

一、陕西"国内专利"概况

2019 年，陕西取得的国内专利许可公开量、授权量和有效发明专利总数等指标数据如表 1-1 所示。

表 1-1　2019 年陕西"国内专利"主要指标数据

序号	指标名称	数据	同比增长	全国排名
1	"国内专利"许可公开量 / 件	88 957	26.48%	13
	其中：发明专利许可公开量 / 件	54 697	44.95%	10
2	专利授权量 / 件	44 101	6.32%	16
	其中：发明专利授权量 / 件	9843	10.79%	10
3	发明专利经济效率 /（件 / 亿元 GDP）	0.40	−2.44%	7
4	有效发明专利 / 件	46 190	17.45%	11
5	发明专利密度 /（件 / 万人）①	11.95	16.47%	7

①采用 2018 年年底各地区常住人口数据得出专利密度。

（1）发明专利密度

陕西每万人拥有发明专利 11.95 件，排名第七，低于全国 13.34 件 / 万人的平均水平。

（2）申请主体

2019 年公开的陕西"国内专利"中，高校和企业是主要申请主体，专利公开量约占全部公开量的 74%，其中，发明授权量的比例近 87%，且 TOP 10 机构均为高校。

（3）技术分类

2019 年公开的陕西"国内专利"中，其 IPC 分类号中 G06F（电数字数据处理）和 G01N（借助于测定材料的化学或物理性质来测试或分析材料）两类居前列，均超过 3000 件。

（4）专利转让

2019 年陕西的"国内专利"转让数量达到 3091 件，其中，转让的发明专利为 1868 件，约占六成。转让技术涉及最多的是材料测试分析技术和半导体器件方面，其后是医用配制品、工程建设相关技术及机械等方面。

（5）地域特征

按专利申请地址进行归类统计，西安的专利公开量、发明专利授权量、有效发明专利占比等指标均处于绝对优势。

二、陕西"国外专利"概况

（1）国外专利总量

陕西"国外专利"，仅指陕西取得的 PCT 国际专利和美、欧、日、韩 4 国专利。2019 年公开的陕西"国外专利"共计 667 件。其中，PCT 国际专利 237 件，比上年增长 57%；陕西申请的 4 国专利中，美国专利为 265 件，居首位。

（2）主要申请主体

2019 年公开的陕西"国外专利"中，西安中兴新软件有限责任公司申请的"国外专利"数量为 240 件，居全省首位。其中，申请 PCT 国际专利 83 件、美国专利 96 件、欧洲专利 48 件、日本专利 8 件、韩国专利 5 件。

（3）技术领域优势

2019 年公开的陕西"国外专利"中，电通信和生物医药两个技术领域的专利数量居前列。

三、八大技术领域专利概况

本书选择"硬科技"产业中陕西具有优势的几个技术领域进行重点关注。截至 2019 年年底，陕西在航空航天、图像处理、存储芯片、量子通信、新材料、生物医药、太阳能、数控机床 8 个技术领域的发明专利数据详见附录一。

1. 航空航天

截至 2019 年年底，在航空航天技术领域，陕西获得的国内发明专利授权量在全国排名[①]第三，落后于北京、江苏。但申请的国际专利数量很少，仅 6 件。

---

① 本书提及的全国排名均不含港澳台地区。

西北工业大学在电数字数据处理、飞机制造、测试、控制或调节系统等方向，西安电子科技大学在通信导航、天线、数字信息传输方向均进入国内授权发明专利全国 TOP 5 机构；西安空间无线电技术研究所在天线和数字信息传输方面也表现突出。

2. 图像处理

截至 2019 年年底，在图像处理技术领域，陕西申请的国内发明专利公开量、授权量均居全国第六，落后于广东、北京、江苏、上海、浙江。

西安电子科技大学在图像处理技术领域表现卓越，在图像数据处理、数据识别、无线电导航、计算模型等方向获得的国内授权发明专利居全国首位。

3. 存储芯片

截至 2019 年年底，在存储芯片技术领域，陕西获得的国内发明专利授权量在全国排名第八。国外机构在该领域的专利活动非常活跃，在多个主要技术方向上申请国内专利居首位的均为国外公司。

西安紫光国芯半导体有限公司在存储芯片技术领域表现突出，获得的国内发明专利授权量在陕西位居第一，远超其余机构，但与省外其他机构相比不具优势。

4. 量子通信

截至 2019 年年底，在量子通信技术领域，陕西获得的国内发明专利授权量位居全国第七。2019 年当年获得的发明专利授权量在全国排名第八，增长速度较上年放缓。

在量子通信技术领域，西安电子科技大学在基于特定计算模型的计算机系统、无线电定向导航测量和密码编译方向表现突出，获得的国内发明专利授权量居全国前五，其中在无线电导航和测量方向居全国首位。

5. 新材料（钛、钼、石墨烯）

截至 2019 年年底，在钛材料技术领域，陕西申请的国内发明专利公开量居全国首位，授权量居全国第二，仅次于北京，但 2019 年当年授权量居全国首位。在钼材料技术领域，陕西申请的累计国内发明专利公开量和授权量均居全国首位。在石墨烯材料技术领域，陕西申请的国内发明专利公开量和授权量均居全国第八，远远落后于排名前 3 位的江苏、北京和上海。2019 年，陕西在这 3 种新材料领域的国外专利表现欠佳，仅在钛材料技术领域有 4 件国外专利，申请人均为宝鸡市渭滨区怡鑫金属加工厂。

在该领域的国内授权发明专利机构中，西北有色金属研究院和西部钛业有限责任公司在全国钛材料的多个技术分支中表现突出，金堆城钼业股份有限公司在钼材料的多个技术分支中表现突出，西安电子科技大学在石墨烯材料的应用方面具有优势。

6. 生物医药

截至 2019 年年底，在生物医药技术领域，陕西申请的国内发明专利公开量和授权量分别居全国第 14 位和第 13 位，专利数量均不足山东的 1/4。2019 年，陕西在该技术领域申请的国际公开专利共计 79 件。其中，申请的 PCT 和美国专利数量较上年共计减少了 14 件，各为 24 件，欧洲专利、日本专利和韩国专利的数量均较上年增加，分别为 14 件、11 件和 6 件。

在生物医药技术领域，中国人民解放军空军军医大学的省内发明专利量高居榜首，凸显了在省内该领域的领头羊地位，在医用配制品、药物的特定治疗活性和诊疗等技术方向上处于领先地位。西安大医集团有限公司申请的当年 PCT 国际专利数量居陕西首位，达 19 件，表现优异。

7. 太阳能

截至 2019 年年底，在太阳能技术领域，陕西获得的国内发明专利授权量居全国第 10 位。陕西在该领域申请的国际专利不多，2019 年仅有公开专利 5 件。

在太阳能技术领域的国内授权发明专利中，彩虹集团在电容器、部分能量转化装置和器件方面，西安工程大学在空气调节、增湿和通风相关技术方向上居全国领先地位。

8. 数控机床

截至 2019 年年底，在数控机床技术领域，陕西申请的国内发明专利公开量和授权量均居全国第十，但在该领域，2019 年陕西仅有 1 件欧洲专利公开。

在该技术领域，西安交通大学在机床零部件、电数字数据处理、锻造、金属无切削加工处理、齿轮或齿条制造等方向获得的国内授权发明专利数量进入全国机构 TOP 5；西北工业大学在机床零部件、铣削两个技术方向进入全国机构 TOP 5，具有一定优势。

（本章撰写：张秀妮、张　薇）

第二章

陕西"国内专利"数据

一、专利总量数据

2019 年，陕西"国内专利"公开量为 88 957 件，同比增长约 27%。其中，发明专利公开量 54 697 件，占陕西当年"国内专利"公开总量的 61.49%。陕西国内专利授权量 44 101 件，同比增长约 6%。其中，发明专利授权量 9843 件，占陕西当年"国内专利"授权总量的 22.32%，全国排名第 10 位（图 2-1）；增长率排名第 4 位，较上年提升了 11 位（图 2-2）。

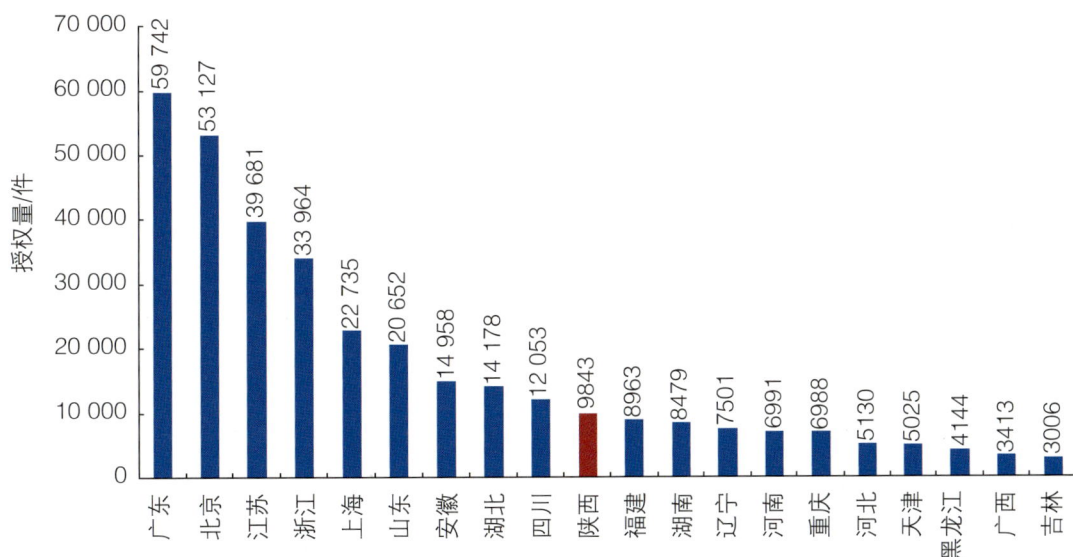

图 2-1　2019 年部分省（区、市）发明专利授权量

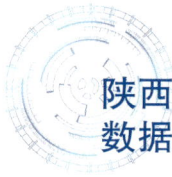

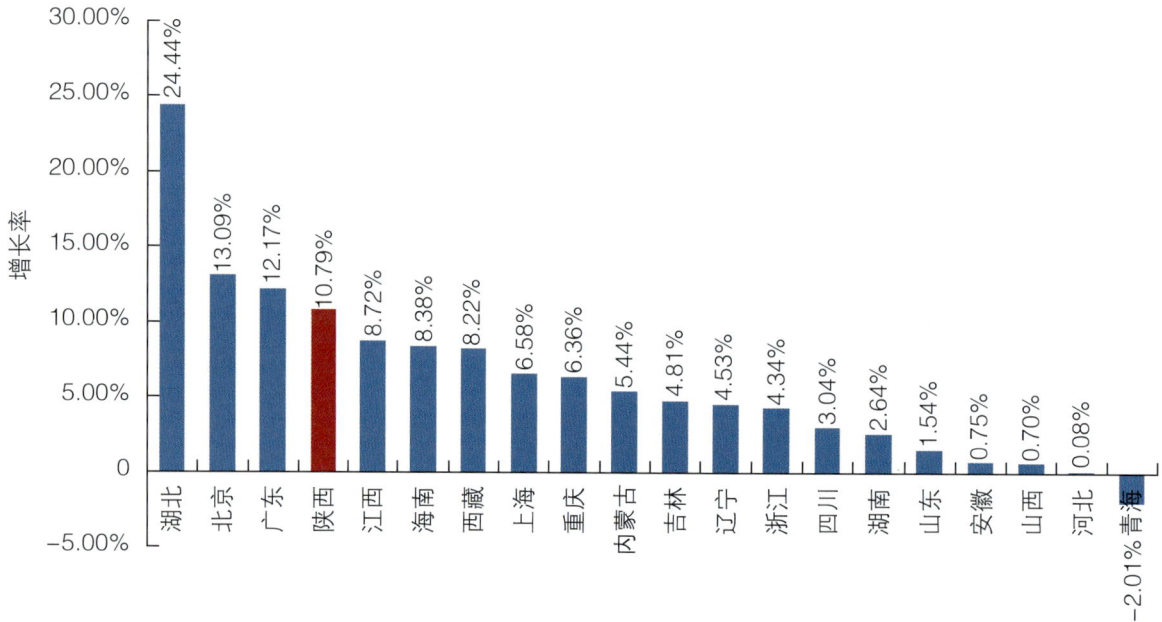

图 2-2　2019 年部分省（区、市）发明专利授权量增长率

二、专利经济效率

2019 年国内部分省（区、市）每亿元 GDP 产出的授权专利情况如图 2-3 所示。

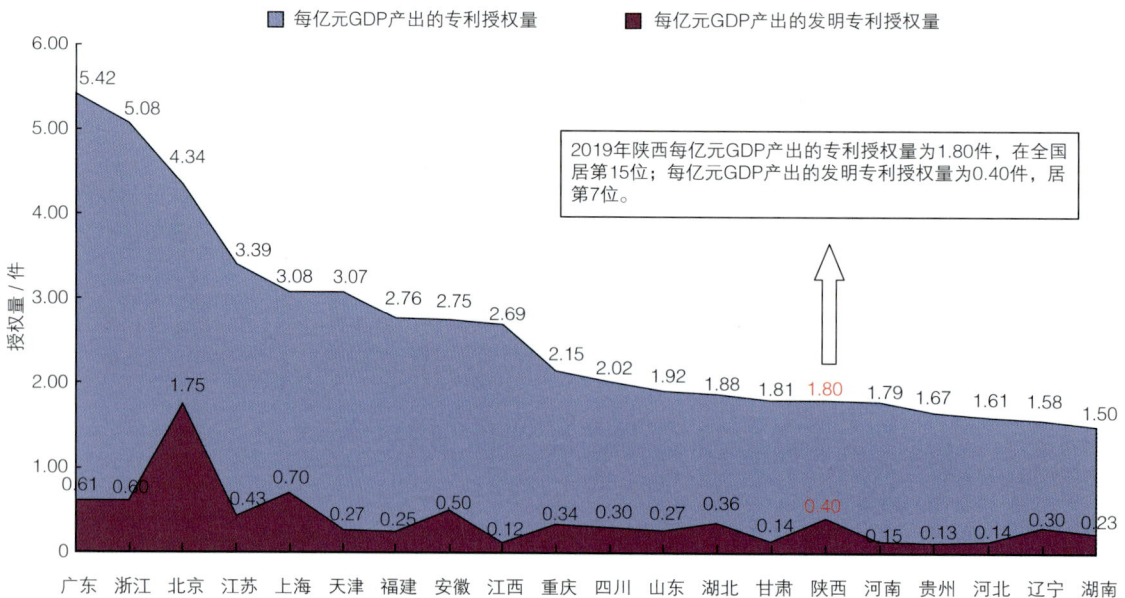

2019年陕西每亿元GDP产出的专利授权量为1.80件，在全国居第15位；每亿元GDP产出的发明专利授权量为0.40件，居第7位。

图 2-3　2019 年部分省（区、市）每亿元 GDP 产出的专利授权量

三、专利密度数据

图 2-4 反映的是 2019 年部分省（区、市）每万人拥有的授权专利和发明专利授权数据。

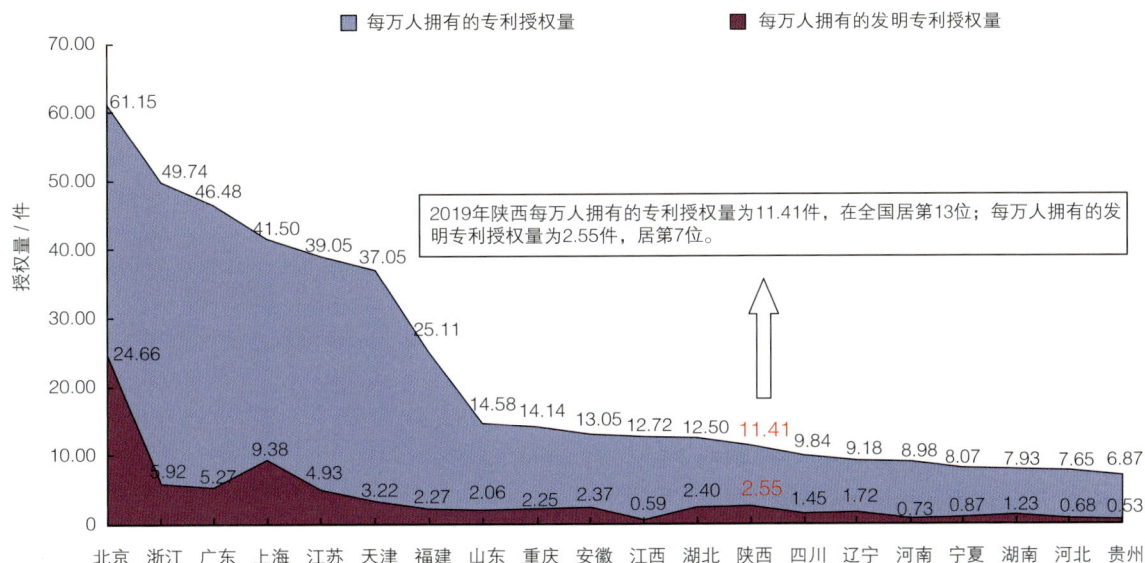

图 2-4　2019 年部分省（区、市）每万人拥有的专利授权量

截至 2019 年年底，部分省（区、市）的有效发明专利总量和有效发明专利密度如图 2-5 所示。陕西的有效发明专利密度为 11.95 件／万人，排名第七，低于全国平均水平（13.34 件／万人）。

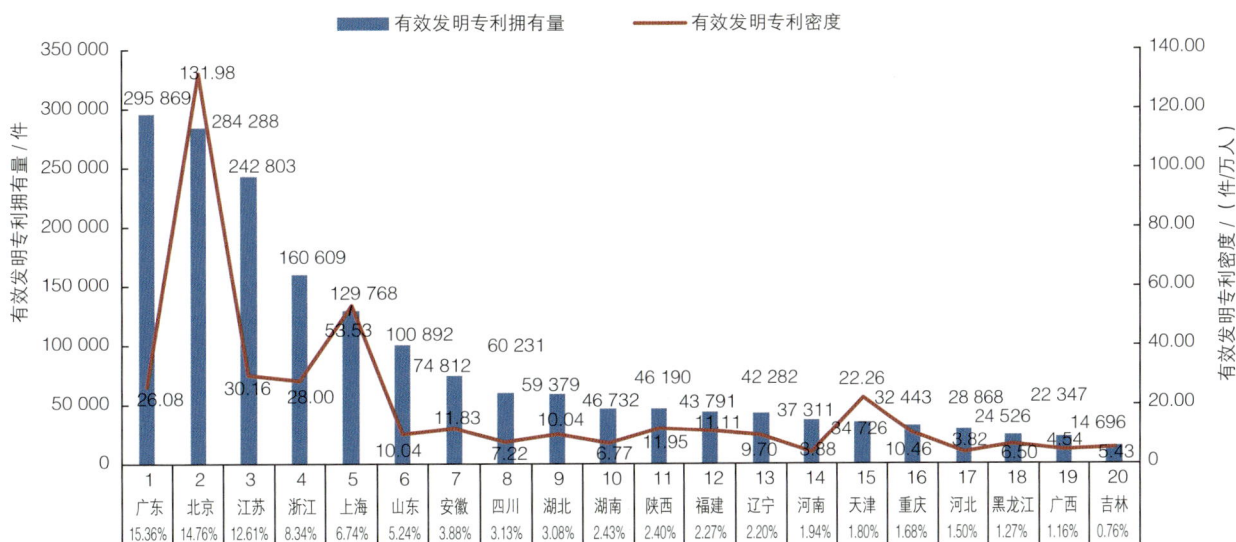

图 2-5　部分省（区、市）有效发明专利拥有量及密度

注：图中按照有效发明专利拥有量进行排名；采用 2018 年年底各地区常住人口数据得出专利密度；各省（区、市）下方数字为该省（区、市）有效发明专利拥有量占全国有效发明专利拥有量的百分比。

四、专利申请主体

1. 申请主体 TOP 10

（1）专利公开量 TOP 10

2019 年公开的陕西国内专利中，前 100 名机构的总量为 41 540 件，约占全省专利公开总量的 47%。2019 年公开的陕西国内专利的申请机构、非高校申请机构和申请企业 TOP 10 如图 2-6 至图 2-8 所示。

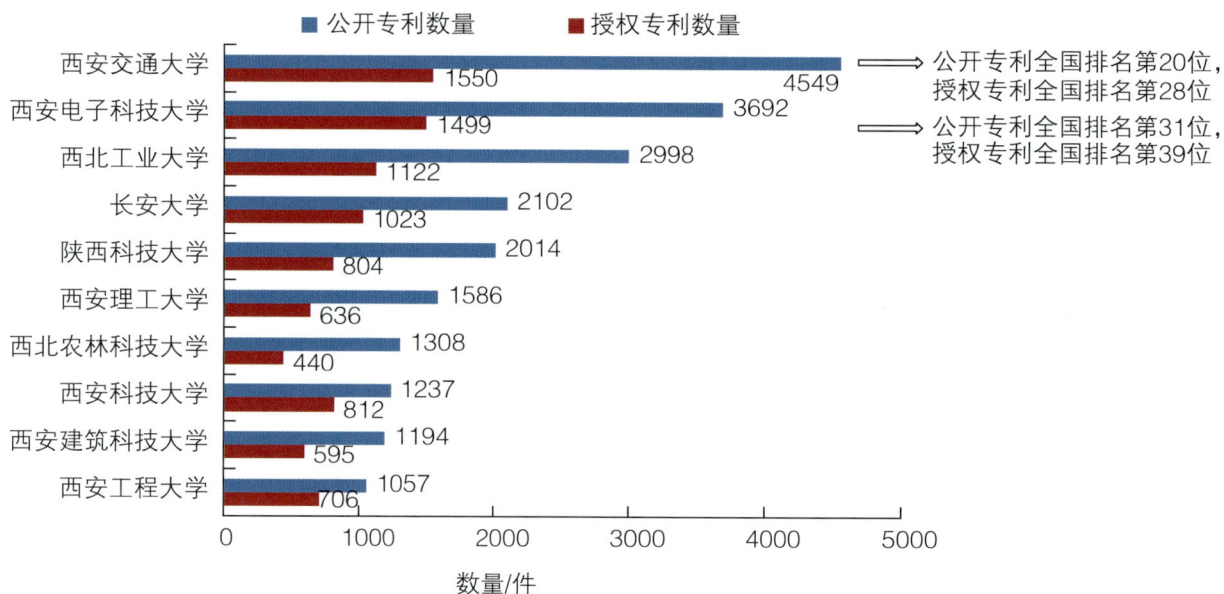

图 2-6 2019 年公开的陕西专利申请机构 TOP 10（以公开量排名为准）

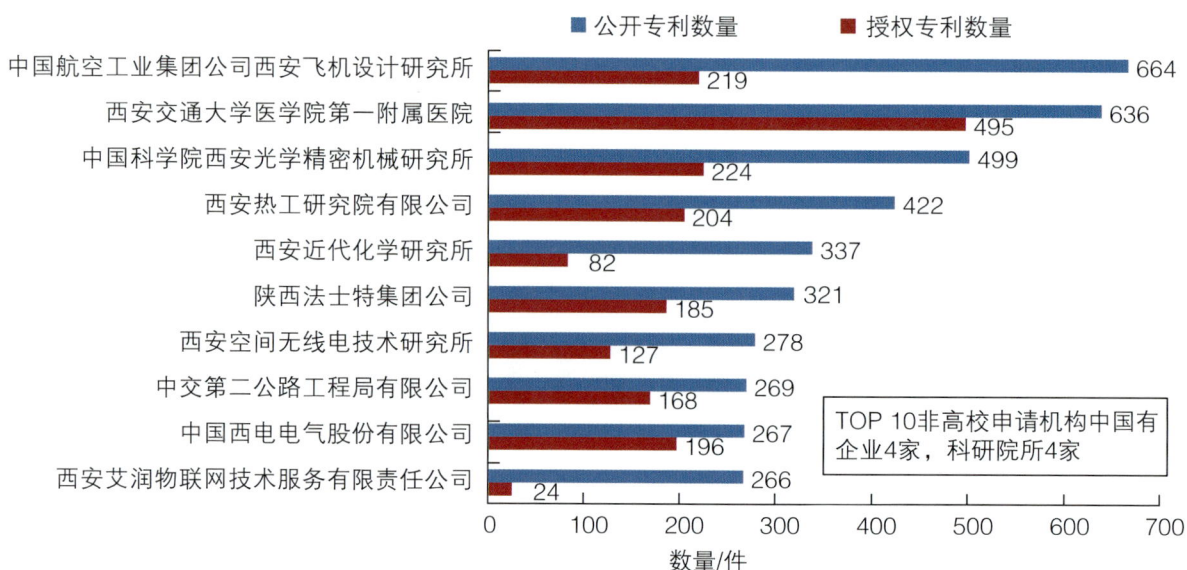

图 2-7 2019 年公开的陕西专利非高校申请机构 TOP 10（以公开量排名为准）

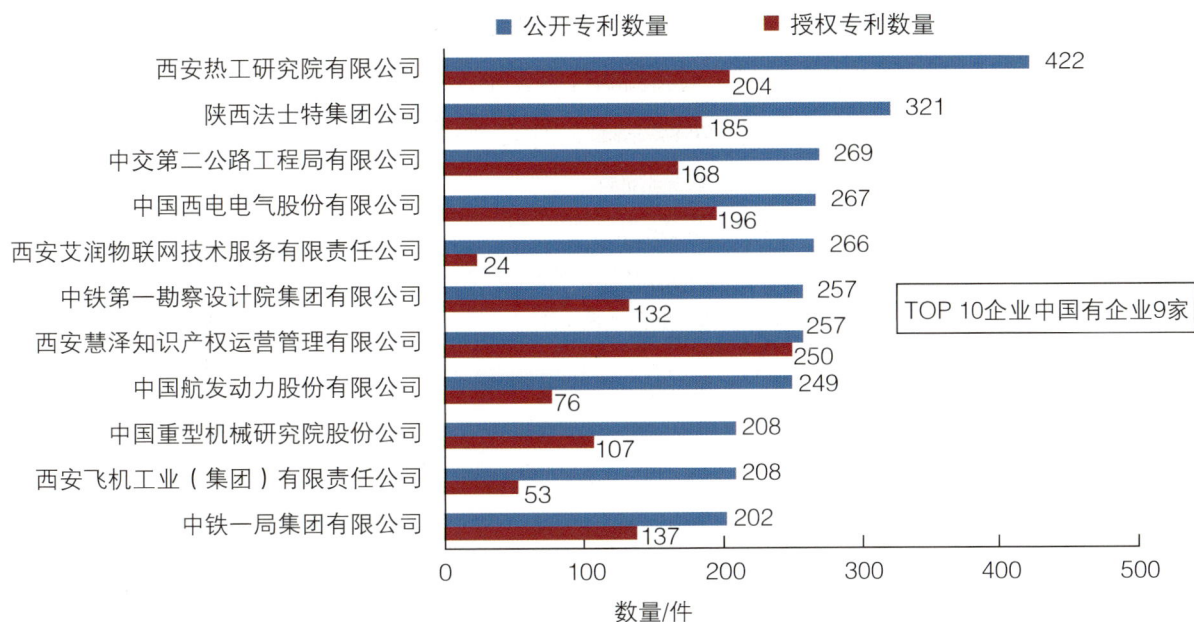

图 2-8　2019 年公开的陕西专利申请企业 TOP 10（以公开量排名为准）

（2）发明专利 TOP 10

2019 年陕西授权发明专利的申请主体中，高校占主导地位，图 2-9 为申请机构 TOP 10；图 2-10 为非高校申请机构 TOP 10，其中科研院所 6 家、企业 4 家，仅 1 家民营企业；图 2-11 为申请企业 TOP 10，其中 7 家为国有企业，3 家为民营企业。

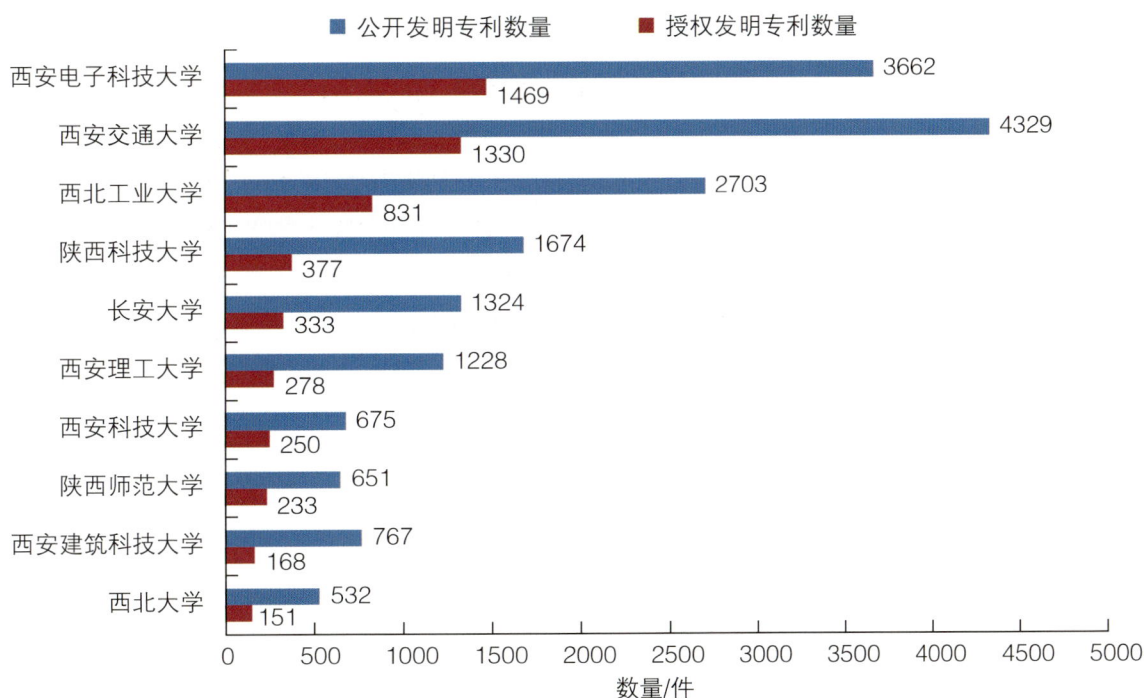

图 2-9　2019 年陕西发明专利申请机构 TOP 10（以授权量排名为准）

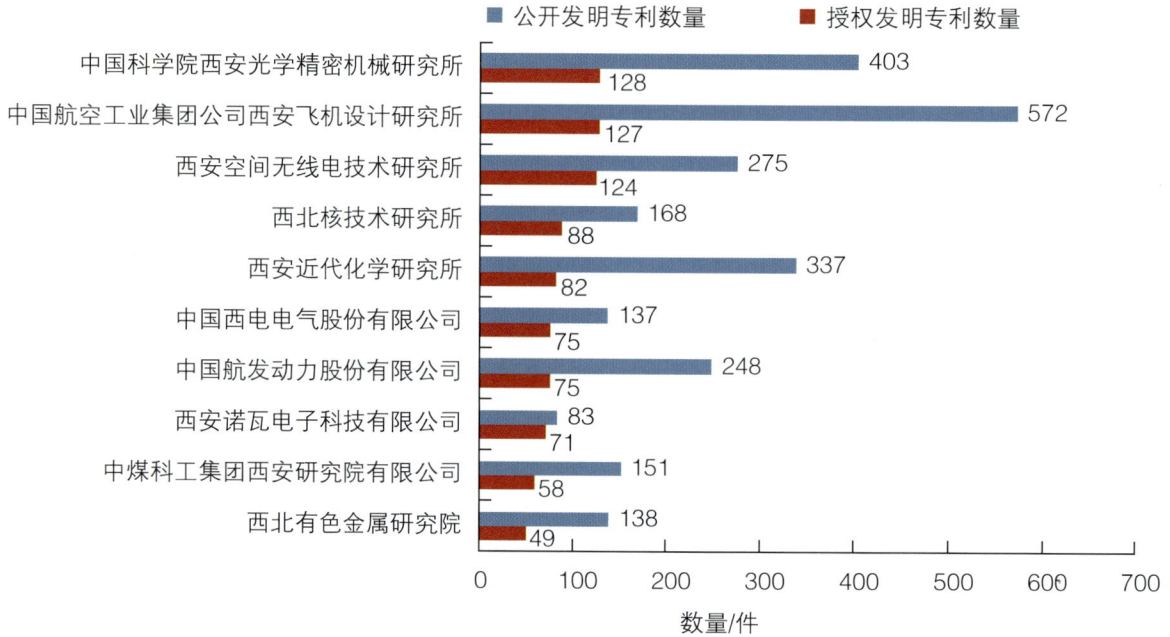

■ 公开发明专利数量　■ 授权发明专利数量

机构	公开发明专利数量	授权发明专利数量
中国科学院西安光学精密机械研究所	403	128
中国航空工业集团公司西安飞机设计研究所	572	127
西安空间无线电技术研究所	275	124
西北核技术研究所	168	88
西安近代化学研究所	337	82
中国西电电气股份有限公司	137	75
中国航发动力股份有限公司	248	75
西安诺瓦电子科技有限公司	83	71
中煤科工集团西安研究院有限公司	151	58
西北有色金属研究院	138	49

数量/件

图 2-10　2019 年陕西发明专利非高校申请机构 TOP 10（以授权量排名为准）

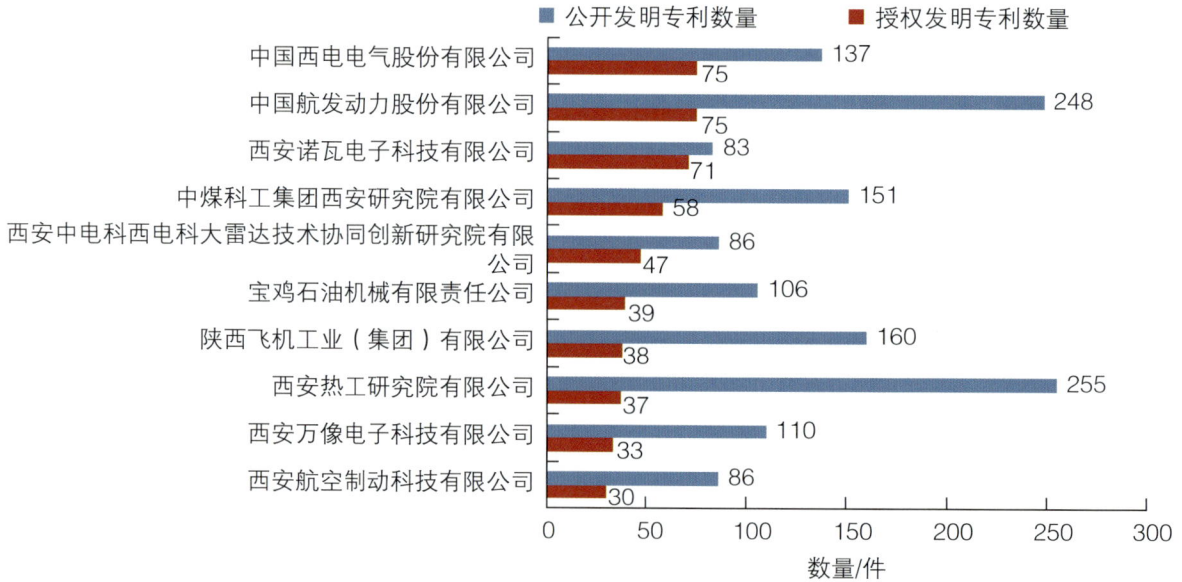

■ 公开发明专利数量　■ 授权发明专利数量

机构	公开发明专利数量	授权发明专利数量
中国西电电气股份有限公司	137	75
中国航发动力股份有限公司	248	75
西安诺瓦电子科技有限公司	83	71
中煤科工集团西安研究院有限公司	151	58
西安中电科西电科大雷达技术协同创新研究院有限公司	86	47
宝鸡石油机械有限责任公司	106	39
陕西飞机工业（集团）有限公司	160	38
西安热工研究院有限公司	255	37
西安万像电子科技有限公司	110	33
西安航空制动科技有限公司	86	30

数量/件

图 2-11　2019 年陕西发明专利申请企业 TOP 10（以授权量排名为准）

（3）有效发明专利 TOP 10

截至 2019 年年底，陕西国内有效发明专利的申请主体排名前 10 位的机构中有 9 家为高校（图 2-12），排名前 10 位的机构的有效发明专利总量为 22 020 件，占到全省有效发明专利总量的近一半（48%）。

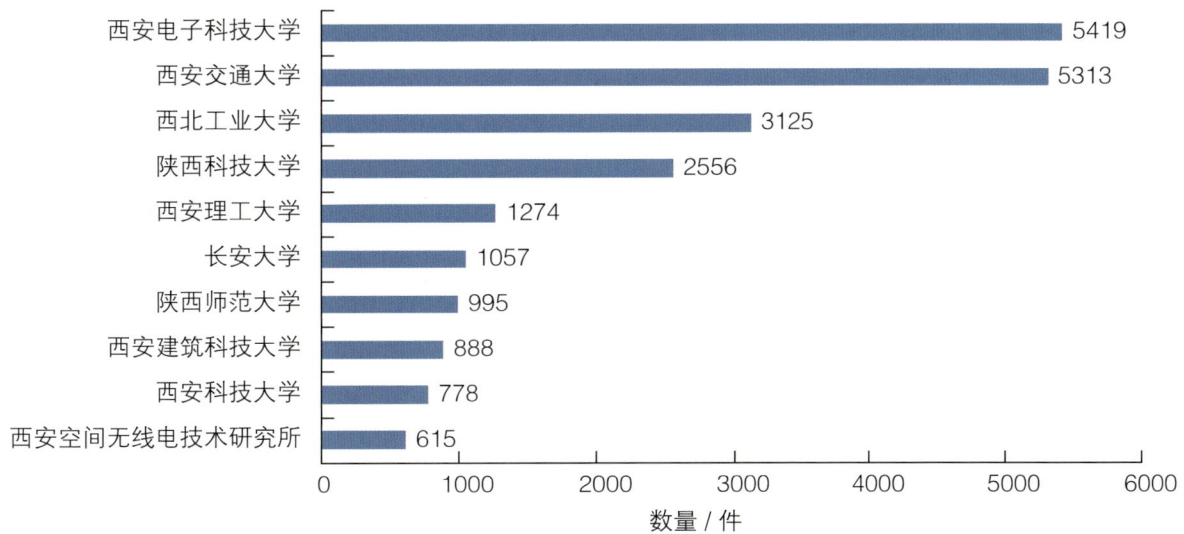

图 2-12　截至 2019 年年底陕西有效发明专利申请机构 TOP 10

如图 2-13 所示，截至 2019 年年底，陕西有效发明专利非高校申请机构 TOP 10 基本都是大型研究院所，特别是央属院所，但总数量仅为高校的 1/5，差距较大，从某一方面反映出陕西的省属企业和院所技术创新能力表现欠佳。图 2-14 所示的陕西有效发明专利申请企业 TOP 10 中，仅有 4 家民营企业。

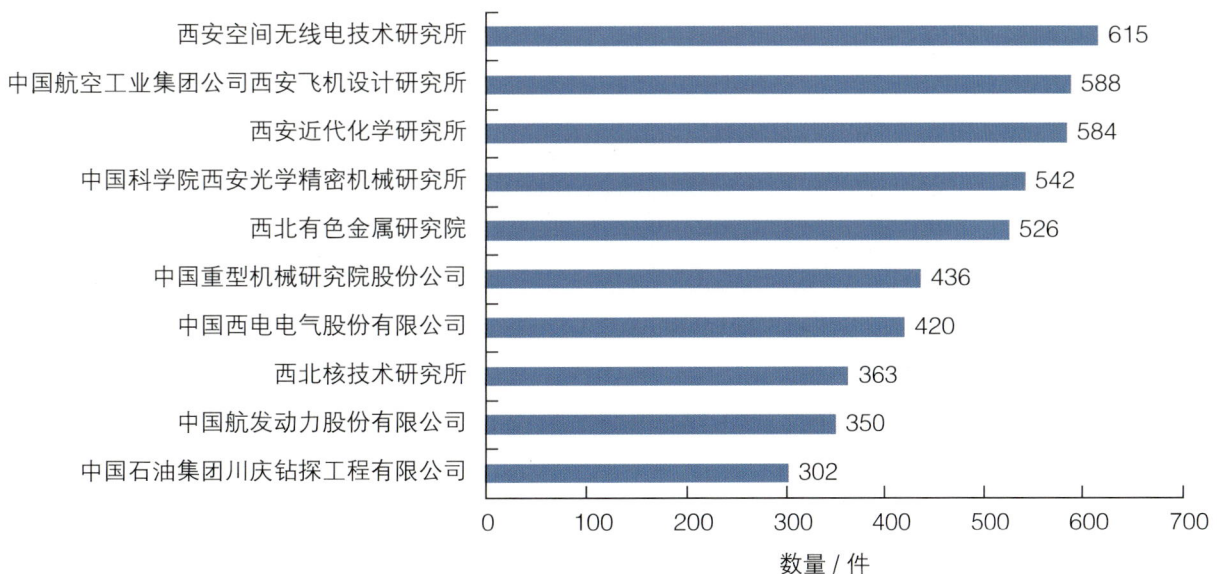

图 2-13　截至 2019 年年底陕西有效发明专利非高校申请机构 TOP 10

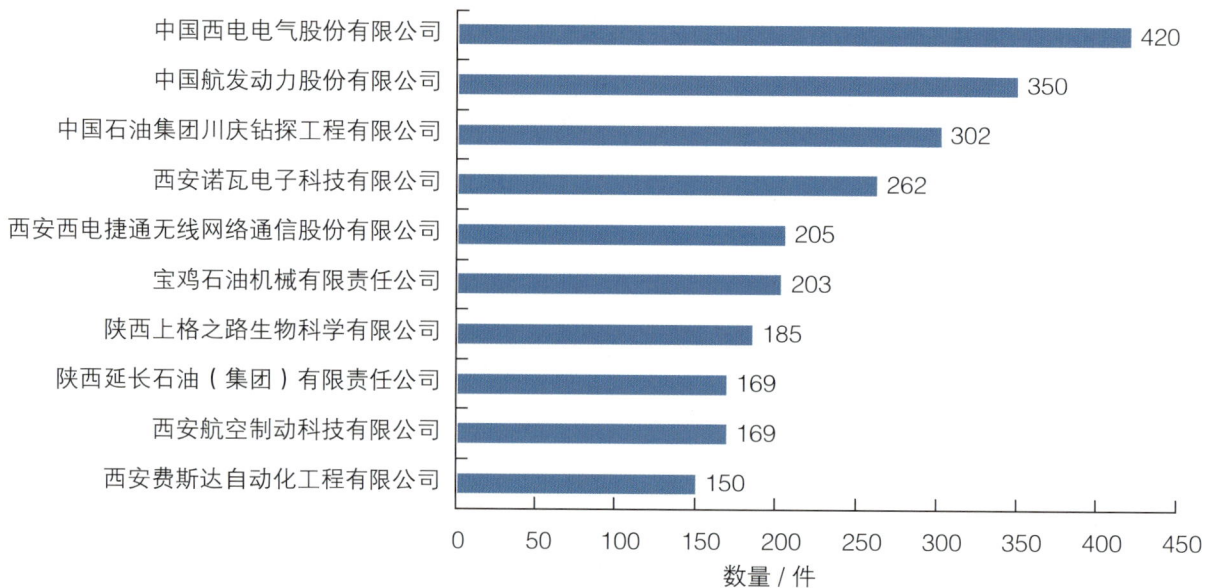

图 2-14   截至 2019 年年底陕西有效发明专利申请企业 TOP 10

中国西电电气股份有限公司 420
中国航发动力股份有限公司 350
中国石油集团川庆钻探工程有限公司 302
西安诺瓦电子科技有限公司 262
西安西电捷通无线网络通信股份有限公司 205
宝鸡石油机械有限责任公司 203
陕西上格之路生物科学有限公司 185
陕西延长石油（集团）有限责任公司 169
西安航空制动科技有限公司 169
西安费斯达自动化工程有限公司 150

数量 / 件

2. 申请主体类型

2019 年，陕西许可公开的国内专利的申请主体分布情况如图 2-15 所示，陕西高校和企业两类主体取得的专利约占国内专利公开总量的 74%。

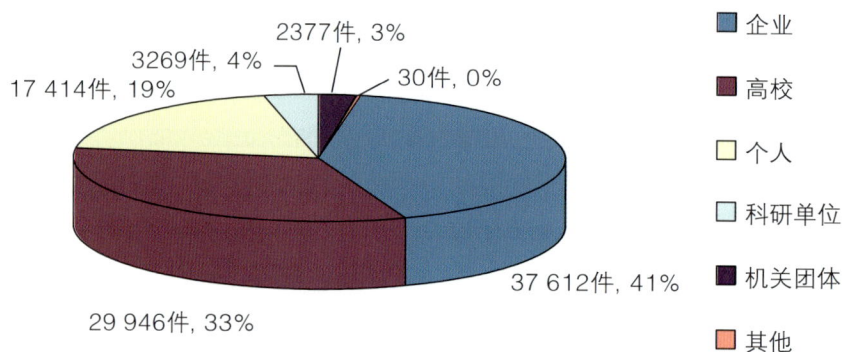

2377件, 3%
3269件, 4%
17 414件, 19%
30件, 0%
37 612件, 41%
29 946件, 33%

■ 企业
■ 高校
□ 个人
□ 科研单位
■ 机关团体
■ 其他

图 2-15   2019 年陕西公开专利的申请主体分布

2019 年，陕西取得授权的"国内发明专利"中，高校占 60%，高校和企业的合计占比高达 87%（图 2-16），但其中企业的占比较上年降低了 5%。企业的申请主体中主要集中在国有企业，民营企业实力较弱。

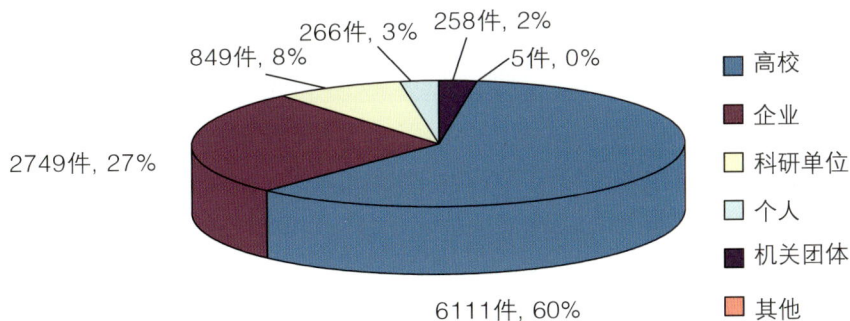

图 2-16 2019 年陕西授权发明专利的申请主体分布

3. 申请主体技术优势

选取 2019 年公开的陕西专利申请主体 TOP 10 的机构，展示其优势技术领域的专利公开数据，如表 2-1 所示。TOP 10 主体均为高校，西安交通大学居首位，而且在技术方向上覆盖范围较广；其他机构的优势技术方向特色较明显。

表 2-1 专利申请主体 TOP 10 机构的主要技术优势

申请主体	涉及的主要 IPC 分类号	含义	专利数量 / 件
西安交通大学	G06F	电数字数据处理	421
	G01N	借助于测定材料的化学或物理性质来测试或分析材料	371
西安电子科技大学	H04L	数字信息的传输，如电报通信	524
	G06K	数据识别、表示；记录载体及其处理	510
西北工业大学	G06F	电数字数据处理	385
	G06K	数据识别、表示；记录载体及其处理	164
长安大学	G01N	借助于测定材料的化学或物理性质来测试或分析材料	266
	G06K	数据识别、表示；记录载体及其处理	97
陕西科技大学	B01J	化学或物理方法，如催化作用或胶体化学	214
	H01M	用于直接转变化学能为电能的方法或装置，如电池组	209

续表

申请主体	涉及的主要 IPC 分类号	含义	专利数量 / 件
西安理工大学	G06F	电数字数据处理	150
	G06K	数据识别、表示；记录载体及其处理	102
西北农林科技大学	C12N	微生物或酶及其组合物；繁殖、保藏或维持微生物；变异或遗传工程；培养基	133
	G01N	借助于测定材料的化学或物理性质来测试或分析材料	108
西安科技大学	G01N	借助于测定材料的化学或物理性质来测试或分析材料	126
	E21F	矿井或隧道中或其自身的安全装置，运输、充填、救护、通风或排水	108
西安建筑科技大学	E04B	一般建筑物构造	234
	E04H	专门用途的建筑物或类似的构筑物	143
西安工程大学	F24F	空气调节；空气增湿；通风；空气流作为屏蔽的应用	105

五、专利技术领域

1. 技术方向

表 2-2 列示的是 2019 年公开的陕西专利中技术方向排名前 10 位的专利数据。其中，G06F（电数字数据处理）和 G01N（借助于测定材料的化学或物理性质来测试或分析材料）两个技术方向的专利公开量均超过 3000 件，是陕西具有优势的专利技术方向。

表 2-2 2019 年陕西公开专利技术方向 TOP 10 的数量分布

IPC 分类号	含义	专利数量 / 件	代表机构
G06F	电数字数据处理	3774	西安电子科技大学（469）西安交通大学（421）
G01N	借助于测定材料的化学或物理性质来测试或分析材料	3446	西安交通大学（371）长安大学（266）
H04L	数字信息的传输，如电报通信	1815	西安电子科技大学（524）西安交通大学（111）

IPC 分类号	含义	专利数量/件	代表机构
B01D	分离	1804	西安交通大学（78） 西安热工研究院有限公司（47）
G06K	数据识别、表示；记录载体及其处理	1784	西安电子科技大学（510） 西安交通大学（185）
C02F	水、废水、污水或污泥的处理	1464	陕西科技大学（112） 西安建筑科技大学（108）
E21B	土层或岩石的钻进	1416	西安石油大学（114） 中煤科工集团西安研究院有限公司（89）
G06T	一般的图像数据处理或产生	1345	西安电子科技大学（416） 西北工业大学（146）
G01S	无线电定向；无线电导航；采用无线电波测距或测速；采用无线电波的反射或再辐射的定位或存在检测；采用其他波的类似装置	1316	西安电子科技大学（472） 西北工业大学（111）
A61B	诊断；外科；鉴定	1313	西安交通大学医学院第一附属医院（169） 第四军医大学（95）

2. 地市专利技术特色

2019 年，陕西 10 个地市的公开专利数量中 IPC 分类排前 2 位的技术方向如图 2-17 所示。西安市的公开专利量远超其他地市，数量在 3000 件上下。各个地市的公开专利中技术优势各具特色，反映出与各地区的优势特色产业有一定的对应性。

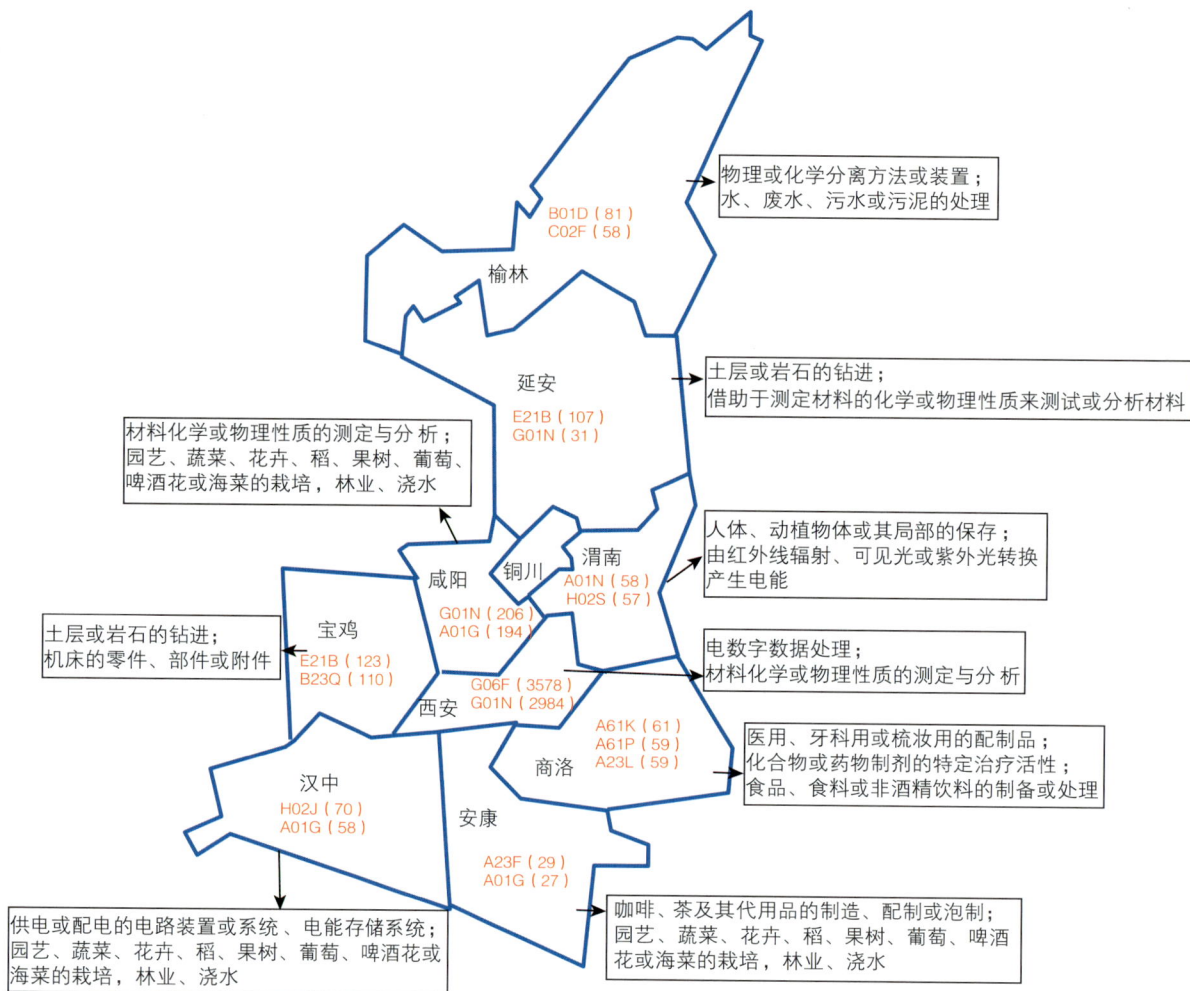

图 2-17　2019 年陕西各地市公开专利技术方向特色分布示意

注：本地图底图由陕西省测绘地理信息局标准地图服务下载，未对底图编辑调整，审图号为陕S（2018）006 号。

3. 行业专利数据

2019 年公开的陕西专利中排名前 10 位的国民经济行业主要分布在制造业的各个分支行业（图 2-18），特别是仪器仪表制造业的公开专利量已超过万件，反映出陕西在制造业方面有着丰厚成体系的技术基础优势；另外，电信、广播电视和卫星传输服务行业也表现出色。

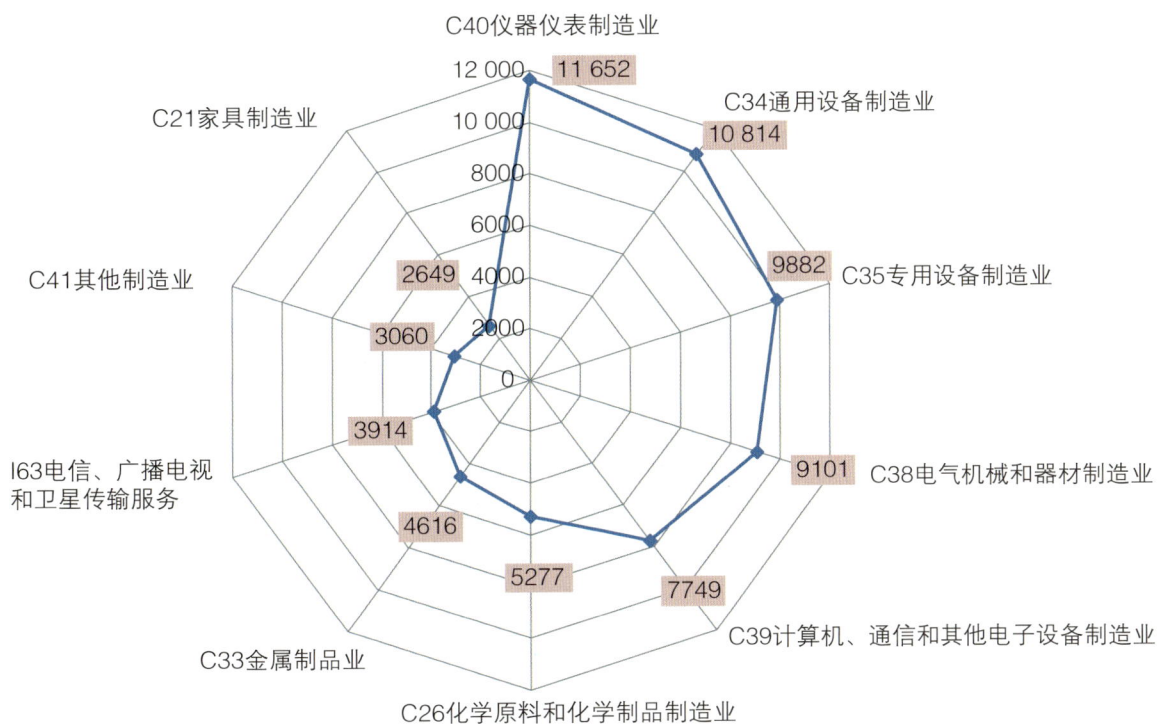

图 2-18 主要国民经济行业分类构成

六、专利状态数据

1. 专利状态结构

图 2-19 是 2019 年公开的陕西国内专利处于有效、无效和审中 3 种专利权法律状态[①]的结构分布。其中,无效专利包括"撤回""权利终止""放弃""驳回"专利,其中"权利终止""放弃""驳回"专利仅 11 件,占 0.01%,可以忽略不计,因此在图中与"撤回"专利合并显示。

---

① 当前法律状态所指检索时间是 2020 年 3 月 18 日。

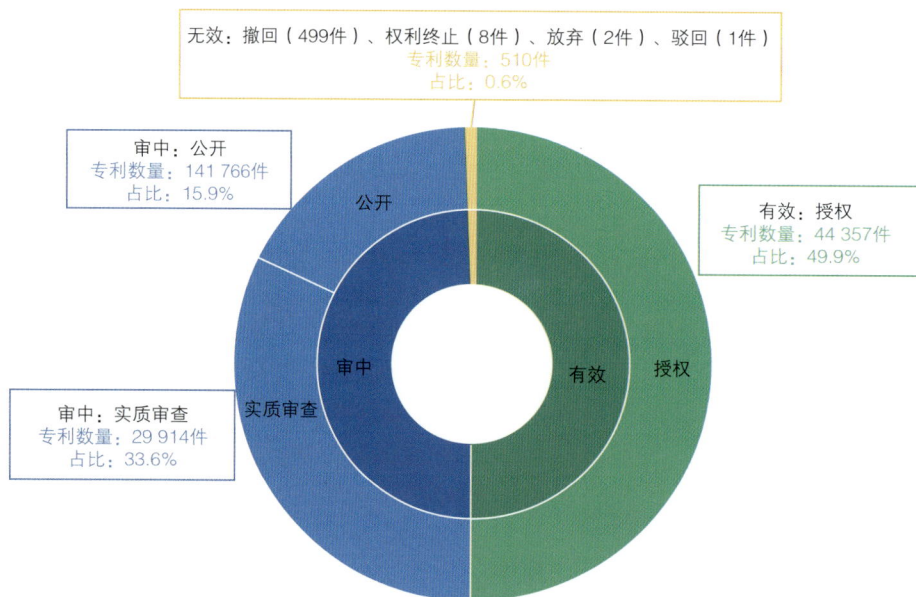

图 2-19　2019 年公开的陕西专利的状态结构分布

2. 专利转让总数

近几年，陕西省专利转让数量逐年增长（图 2-20），2019 年专利转让数量达到 3091 件，其中，转让的发明专利为 1868 件，约占 60%。

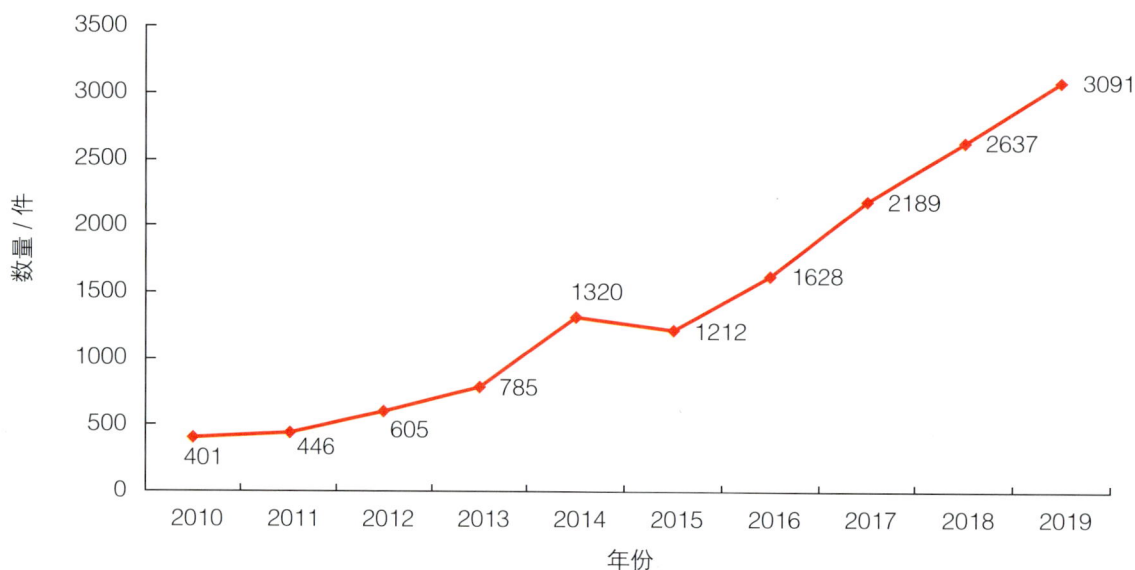

图 2-20　2010—2019 年陕西专利转让数据

注：因转让数据信息的滞后性，2019 年检索出的数据与 2018 年数据有微小差别。

3.转让人 TOP 10

2019 年发生转让的陕西专利转让人 TOP 10 如图 2-21 所示。

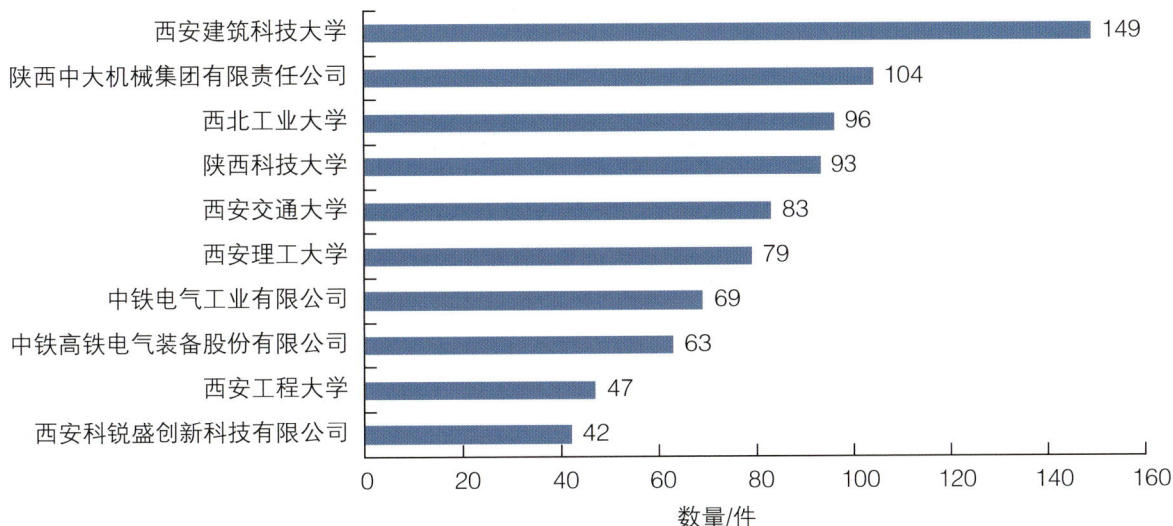

图 2-21　2019 年陕西专利转让人 TOP 10

4. 受让人 TOP 10

2019 年发生转让的陕西专利受让人 TOP 10 如图 2-22 所示。排名第一的受让人为陕西中大力鼎科技有限公司，为母公司陕西中大机械集团有限责任公司对其专利的转让；其中有 3 家西安建筑科技大学下设的公司，其专利的转让人均为西安建筑科技大学。

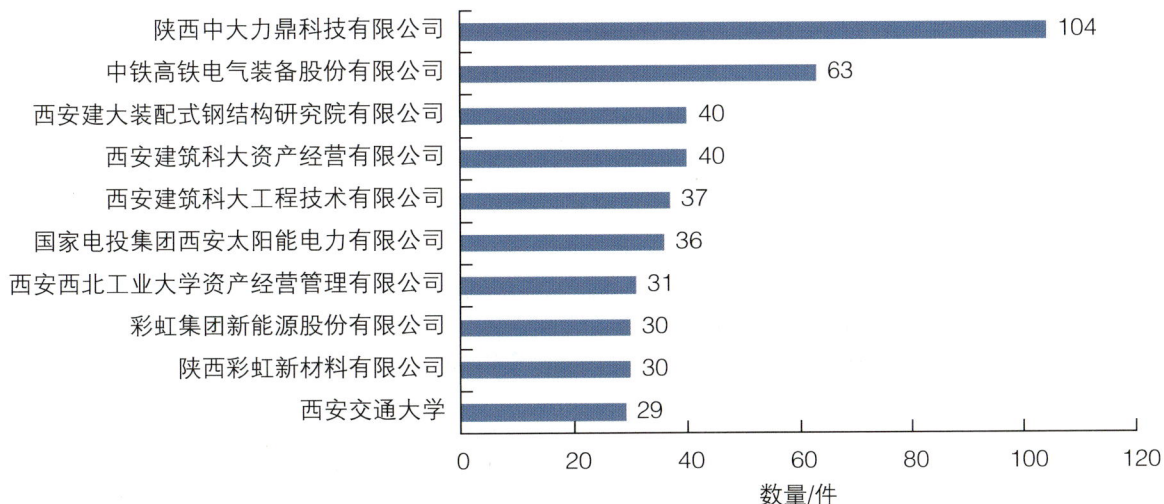

图 2-22　2019 年陕西专利受让人 TOP 10

5. 转让技术 TOP 10

按 IPC 分类，2019 年发生转让的陕西专利排名前 10 位的技术方向如表 2-3 所示。材料测试分析技术和半导体器件等方面专利转让相对活跃。

表 2-3　2019 年陕西转让专利的 IPC 分类 TOP 10

IPC 分类号	含义	专利数量 / 件
G01N	借助于测定材料的化学或物理性质来测试或分析材料	122
H01L	半导体器件	103
A61K	医用、牙科用或梳妆用的配制品	79
E01C	道路、体育场或类似工程的修建或其铺面；修建和修复用的机械和附属工具	77
A61P	化合物或药物制剂的特定治疗活性	66
A61B	诊断；外科；鉴定	65
B60M	电动车辆的电源线路或沿路轨的装置	64
E04B	一般建筑物构造	64
G06F	电数字数据处理	64
C02F	水、废水、污水或污泥的处理	55

七、专利质量数据

专利的被引用量可以作为衡量专利质量的重要参考指标。截至 2019 年年底，陕西有效国内发明专利被引用量 TOP 10 的申请人中，有 5 家为省属企业，4 家高校，还有 1 位是自然人（表 2-4）。这 10 件专利中，已有 6 件被转让，其中 2 件转让给省外公司，为智能药箱和问答方法及系统的专利。

表 2-4　截至 2019 年年底陕西省高被引有效发明专利 TOP 10

序号	专利名称	申请号	申请机构	主分类号	被引证次数 / 次
1	一种智能药箱	CN201510254126.6	陕西科技大学	A61J1/00	115
2	LTE 中的三维波束赋形方法	CN201110379694.0	西安电子科技大学	H04B7/06	113
3	一种碳纤维天线面的制造方法	CN201410389690.4	西安拓飞复合材料有限公司	B29C70/36	113

续表

序号	专利名称	申请号	申请机构	主分类号	被引证次数 / 次
4	一种含噻虫酰胺和生物源类杀虫剂的杀虫组合物	CN201110023254.1	陕西上格之路生物科学有限公司	A01N43/90	108
5	一种增强型氮化镓 HEMT 器件结构	CN200710017897.9	张乃千	H01L29/778	81
6	一种移动教学平台	CN201410155080.8	西安夫子电子科技研究院有限公司	G09B7/02	71
7	一种自适应天线选择的 MIMO 系统及其应用方法	CN201010162006.0	西安交通大学	H04B7/06	68
8	一种分层混合充氧水质改善装置	CN201210118486.X	西安建筑科技大学	C02F7/00	68
9	通过高温进行组分间发生化学反应产生灭火物质的灭火组合物	CN201010285497.8	陕西坚瑞消防股份有限公司	A62D1/06	64
10	基于主动学习的问答方法及采用该方法的问答系统	CN201410264111.3	西安蒜泥电子科技有限责任公司	G06F17/30	63

八、地市专利数据

1. 地市发明专利总量

2019 年陕西 10 个地市[①] 的几项专利指标数据如表 2-5 和图 2-23 所示，10 个地市的专利表现梯次明显。西安市作为省会城市、国家中心城市，科教、经济等资源密集，整体技术创新能力远强于其他 9 个地市，几项专利指标数据均处于省内绝对优势地位。西安市近两年人口增长迅速，有效发明专利密度受常住人口的影响较大，本报告中采用 2018 年年底西安市常住人口数据得出专利密度。特别是西安市的有效发明专利密度是当年全省有效发明专利密度平均水平（11.95 件 / 万人）的 3 倍有余，遥遥领先。

表 2-5 2019 年陕西 10 个地市国内发明专利授权量数据

地市	授权发明专利		有效发明专利		有效发明专利密度[①] / （件 / 万人）
	专利数量 / 件	占比	专利数量 / 件	占比	
西安	9017	91.61%	41 261	89.33%	41.25
咸阳	304	3.09%	1790	3.88%	3.91

① 本报告中各地市数据均基于第一申请人的申请地址进行统计。

续表

地市	授权发明专利		有效发明专利		有效发明专利密度[1]/（件/万人）
	专利数量/件	占比	专利数量/件	占比	
宝鸡	182	1.85%	1207	2.61%	3.20
汉中	141	1.43%	468	1.01%	0.88
榆林	64	0.65%	298	0.65%	0.87
渭南	45	0.46%	658	1.42%	1.93
商洛	37	0.38%	147	0.32%	0.65
延安	35	0.36%	184	0.40%	0.77
安康	13	0.13%	133	0.29%	0.50
铜川	5	0.05%	44	0.10%	0.55

数据来源：陕西省知识产权局，《2019 年陕西统计年鉴》。

[1] 此处专利密度采用《2019 年陕西统计年鉴》中公布的 2018 年年底陕西及各地市常住人口数据计算得出。

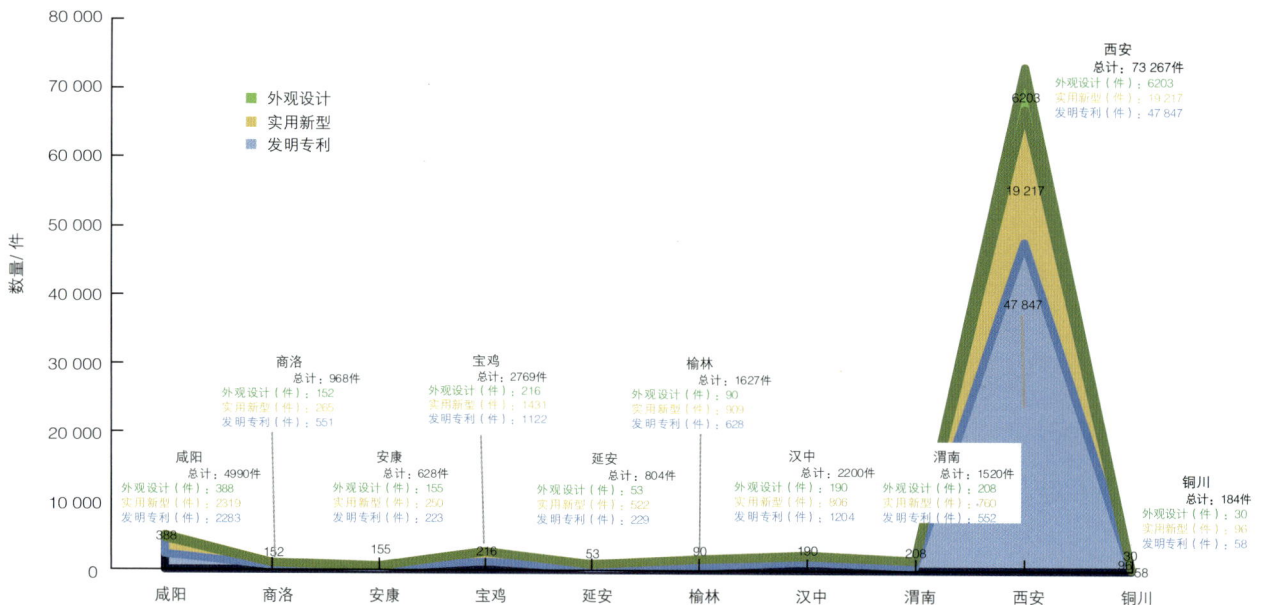

图 2-23　2019 年陕西 10 个地市专利的公开量数据

2. 地市发明专利申请主体

（1）西安市

2019 年西安市的发明专利公开量为 47 847 件，申请主体整体上以高校和企业为主，两者专利数量之和占到全市发明专利公开量的 74%（高校占比 40%，企业占比 34%）。全市申请量排名前 10 位的机构有 9 家为高校（图 2-24）。非高校申请机构 TOP 10（图 2-25）中有 6 家科研院所，其余 4 家企业中 2 家是民营企业，其中西安艾润物联网技术服务有限责任公司的专利公开量中约 93% 为发明专利。

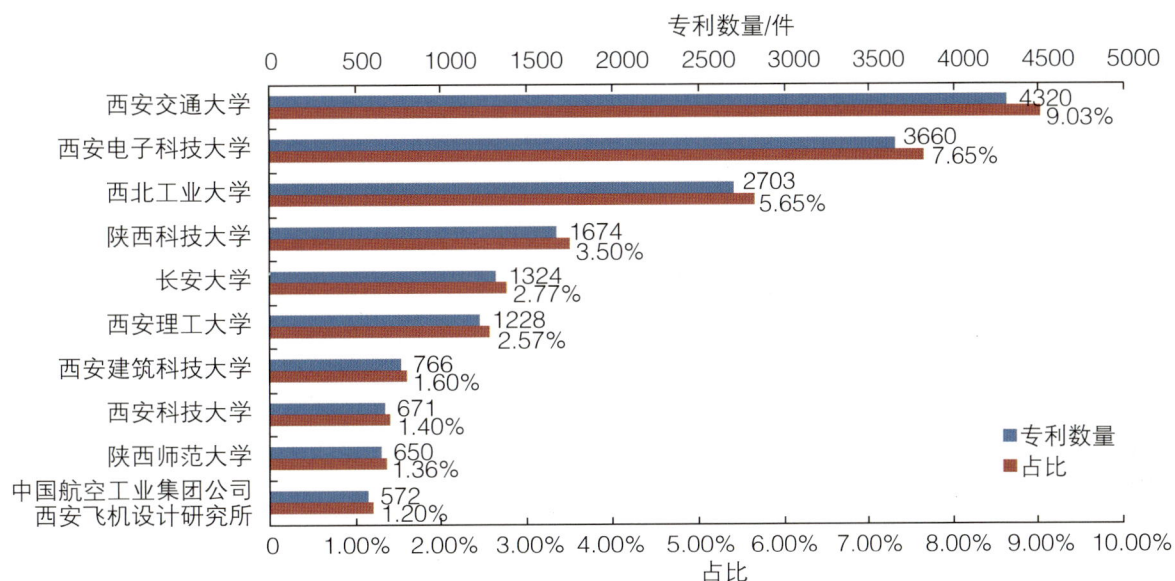

图 2-24　2019 年公开的西安市发明专利申请机构 TOP 10

注：图中占比指 2019 年公开的发明专利中该机构的公开量占西安市公开量的比重。后续图 2-25 至图 2-41 中的占比指某机构 2019 年发明专利公开量占该机构所属地市发明专利公开量的百分比，在此一并说明，不再分别解释。

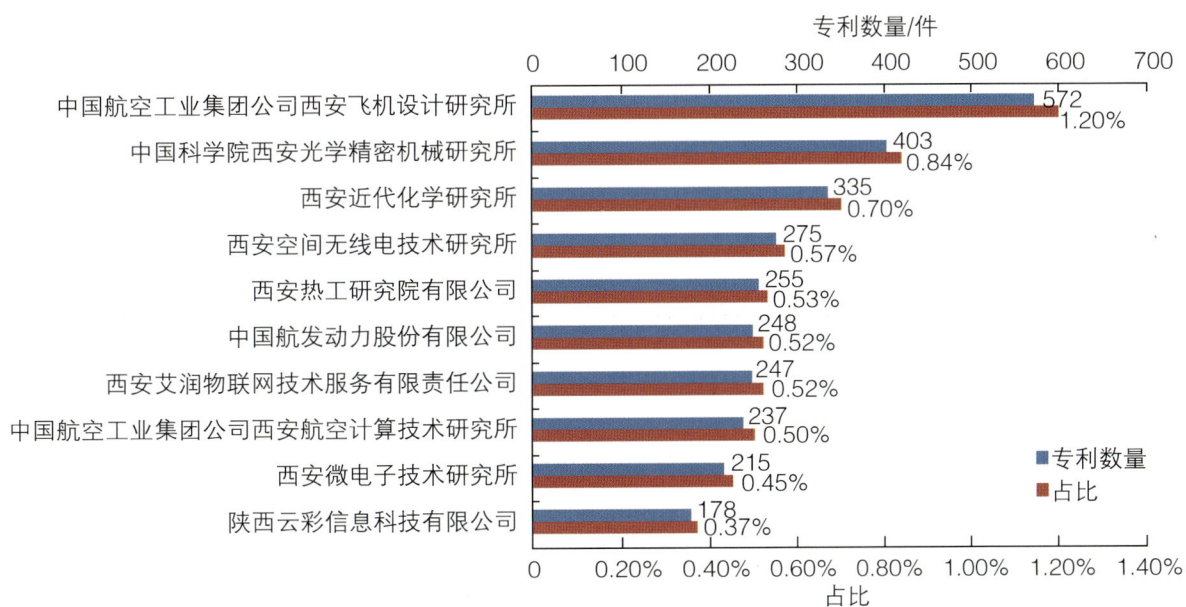

图 2-25　2019 年公开的西安市发明专利非高校申请机构 TOP 10

2019 年西安市发明专利授权量为 9017 件，申请主体整体上仍以高校和企业为主，两者专利数量之和约占 86%。其中，高校占 62%，占据了 2019 年西安市授权发明专利申请机构的 TOP 10（图 2-26）。非高校申请机构 TOP 10 中仅有 1 家民营企业（图 2-27）。

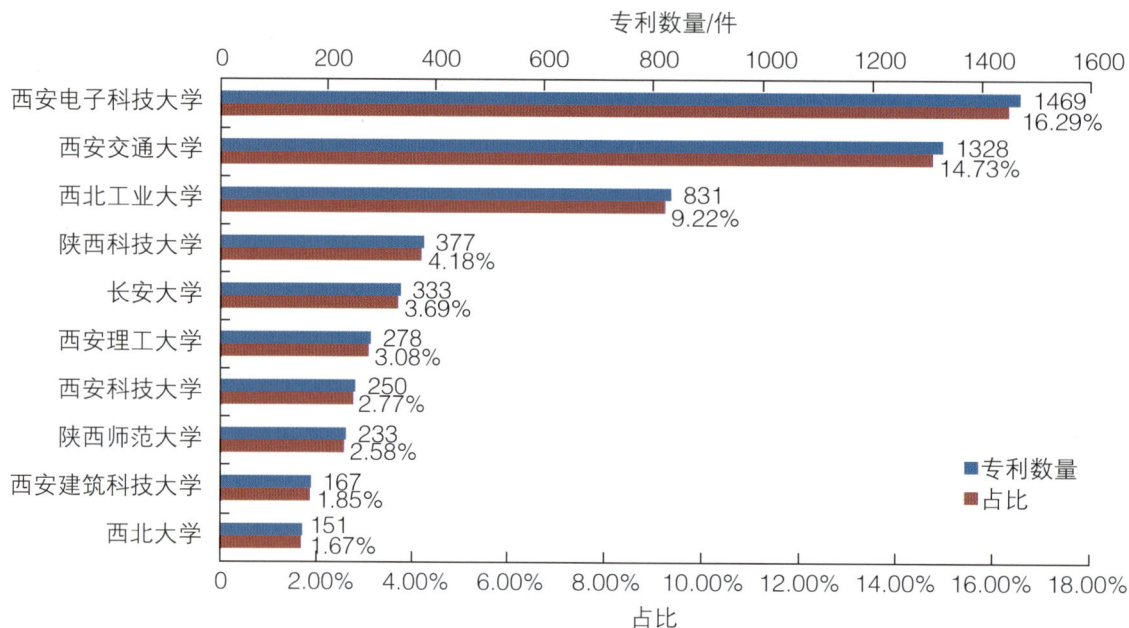

图 2-26　2019 年西安市授权发明专利申请机构 TOP 10

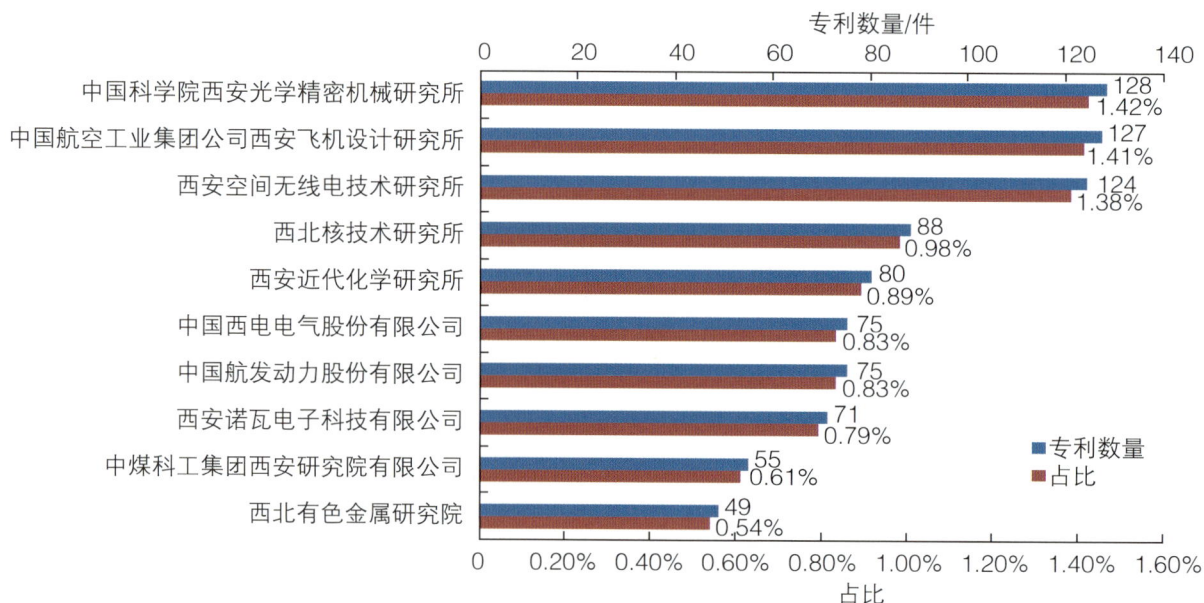

图 2-27　2019 年西安市授权发明专利非高校申请机构 TOP 10

（2）咸阳市

2019 年咸阳市发明专利公开量为 2283 件，申请机构仍以高校和企业为主，两者数量之和占总量的 88%（高校占比 49%，企业占比 39%）。居 TOP 10 的申请机构中，西北农林科技大学遥遥领先，占比达到约 43%。国有企业和民营企业平分秋色，各有 4 家（图 2-28）。

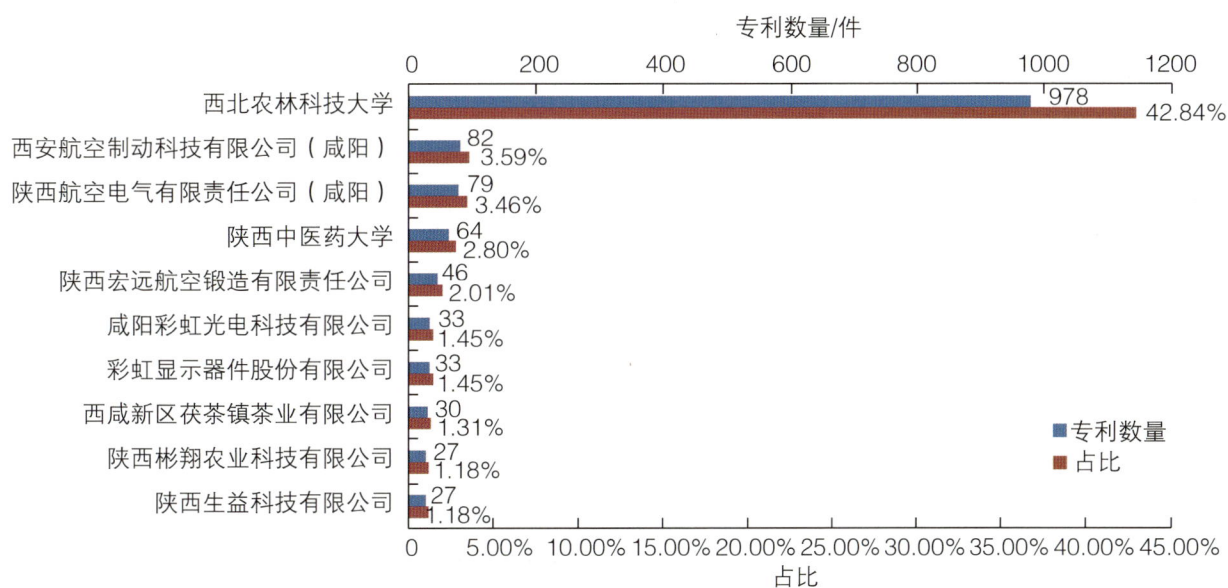

图 2-28　2019 年公开的咸阳市发明专利申请机构 TOP 10

2019 年咸阳市发明专利授权量为 304 件，申请机构中企业和高校的专利数量合计接近咸阳市总量的 90%（图 2-29）；西北农林科技大学的占比超过 1/3。

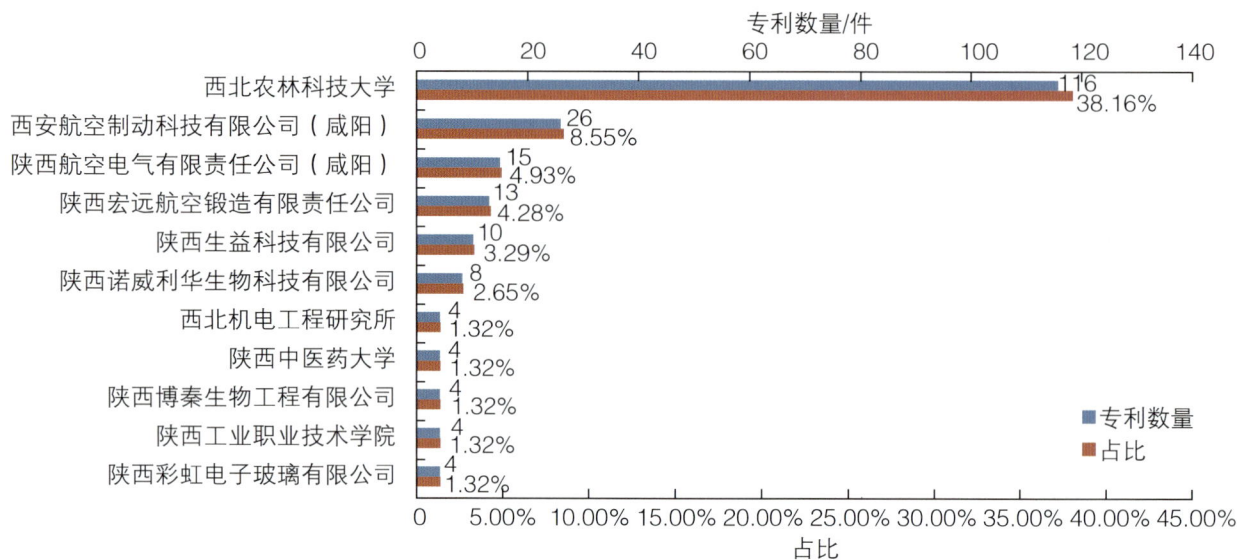

图 2-29　2019 年咸阳市授权发明专利主要申请机构

注：因 2019 年咸阳市授权发明专利的申请机构除 TOP 7 之外，其余机构数量均小于 4 件且并列很多，因此此图只节选机构 TOP 7 作为主要申请机构；后面部分地市数据同理。

（3）宝鸡市

2019 年宝鸡市发明专利公开量为 1122 件，申请机构居 TOP 10 的以企业为主，企业申请量约占全市总量的 67%，特别是几家民营企业有良好表现。因宝鸡地区高校很少，宝鸡文理学院虽居榜首，但高校总量占比仅约 14%（图 2-30）。

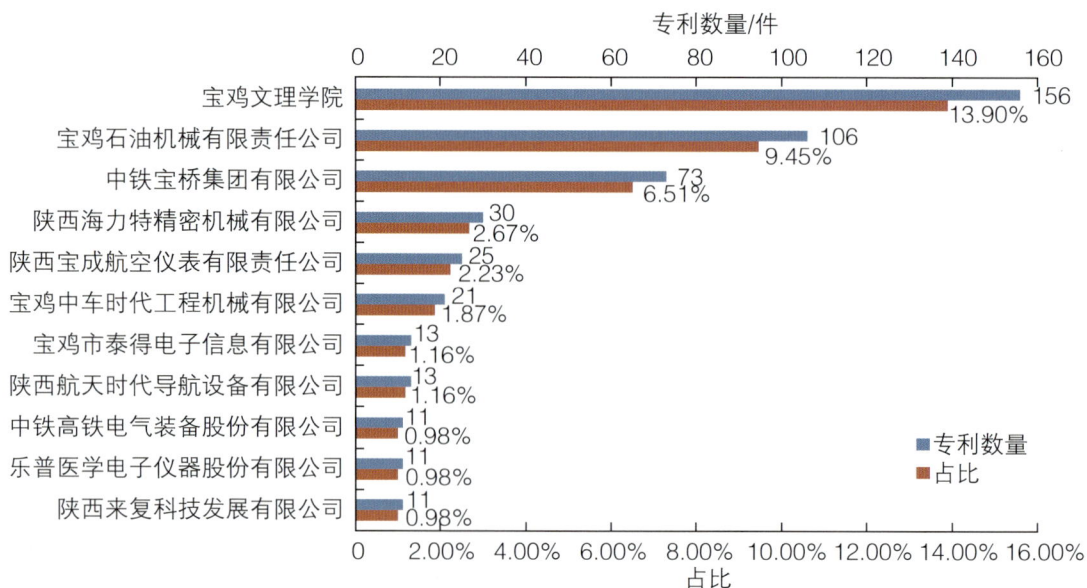

图 2-30　2019 年公开的宝鸡市发明专利申请机构 TOP 10

2019年宝鸡市发明专利授权量为182件，申请主体以企业为主，占比近79%（图2-31）。

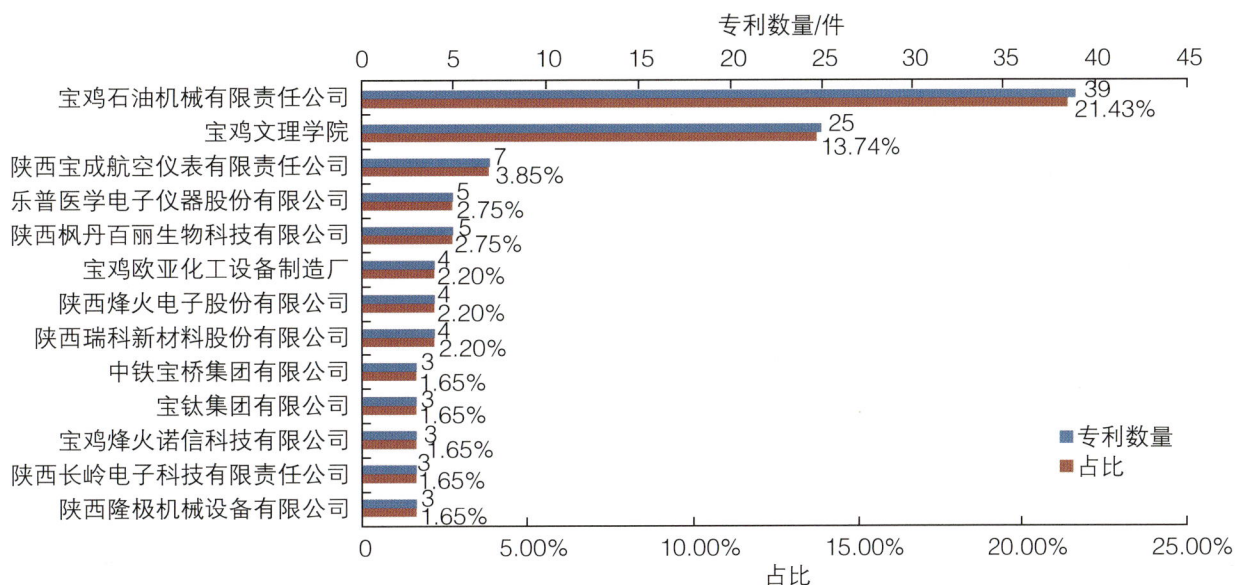

图 2-31　2019 年宝鸡市授权发明专利的主要申请机构

（4）汉中市

2019 年汉中市发明专利公开量为 1204 件，申请主体中，高校、自然人和企业的申请量占比相差不大，分别约占 34%、33% 和 31%。申请机构中，陕西理工大学和"陕飞集团"两家机构占据绝对优势，民营企业相对较弱。前 3 位自然人分别是杨培应（47 件）、孔令国（20件）和李明杰（20 件）。

2019 年汉中市发明专利授权量为 141 件，申请机构主要为高校和企业，约占总量的94%（高校占比 52%，企业占比 42%）；申请主体仍以陕西理工大学和"陕飞集团"两家机构占主导（图 2-32 和图 2-33）。

专利数量/件

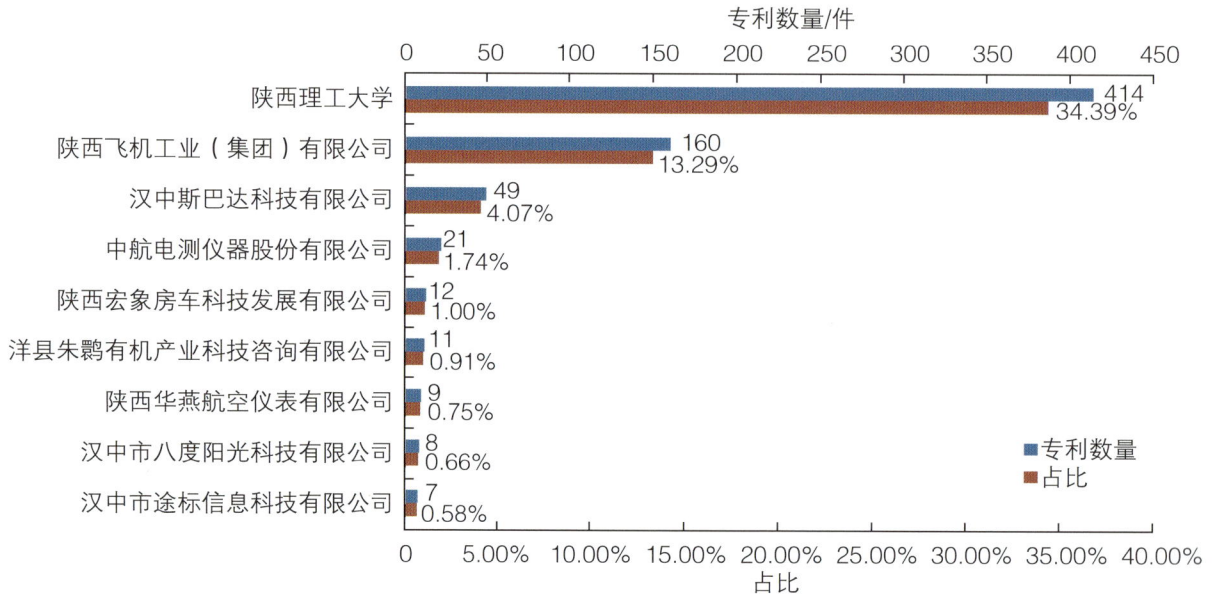

图 2-32　2019 年公开的汉中市发明专利主要申请机构

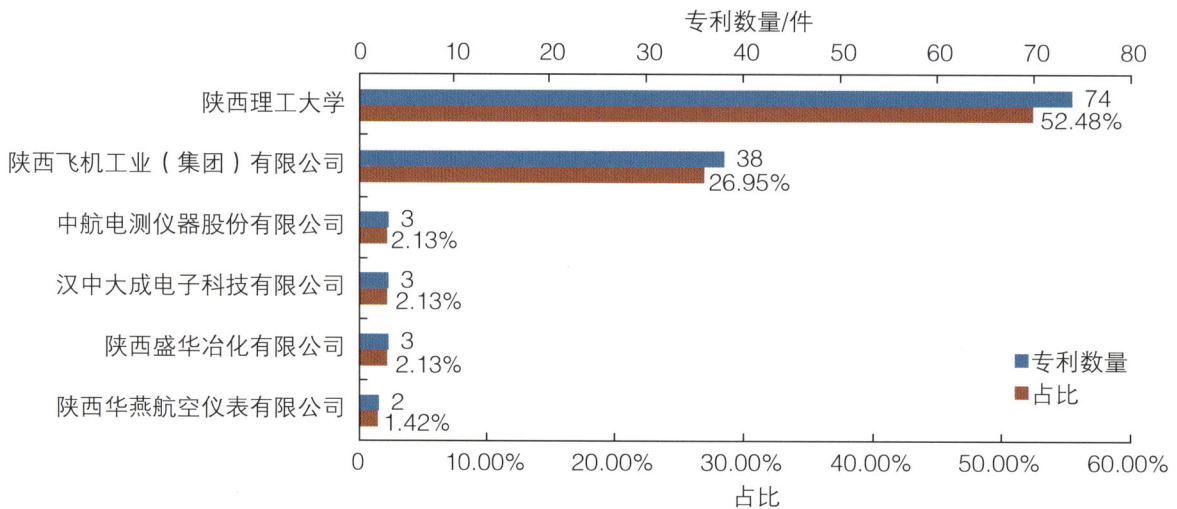

专利数量/件

图 2-33　2019 年汉中市授权发明专利主要申请机构

（5）商洛市

2019 年商洛市发明专利公开量为 551 件，申请主体中自然人申请量占比超过一半，约占 51%；前 3 位自然人分别是焦爱芳（17 件）、雷建设（17 件）、祁海杰（16 件）。

2019 年商洛市发明专利授权量为 37 件，申请主体中除了排第 1 位的商洛学院外（占比49%），民营企业表现突出。图 2-34 和图 2-35 是以申请机构进行统计排名的结果（不含自然人）。

专利数量/件

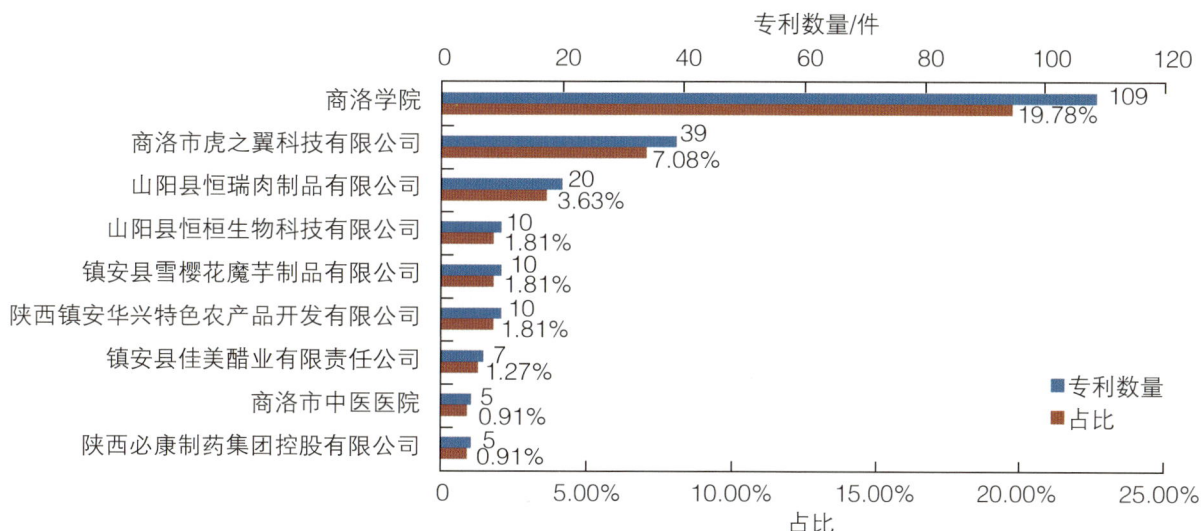

图 2-34　2019 年公开的商洛市发明专利主要申请机构

专利数量/件

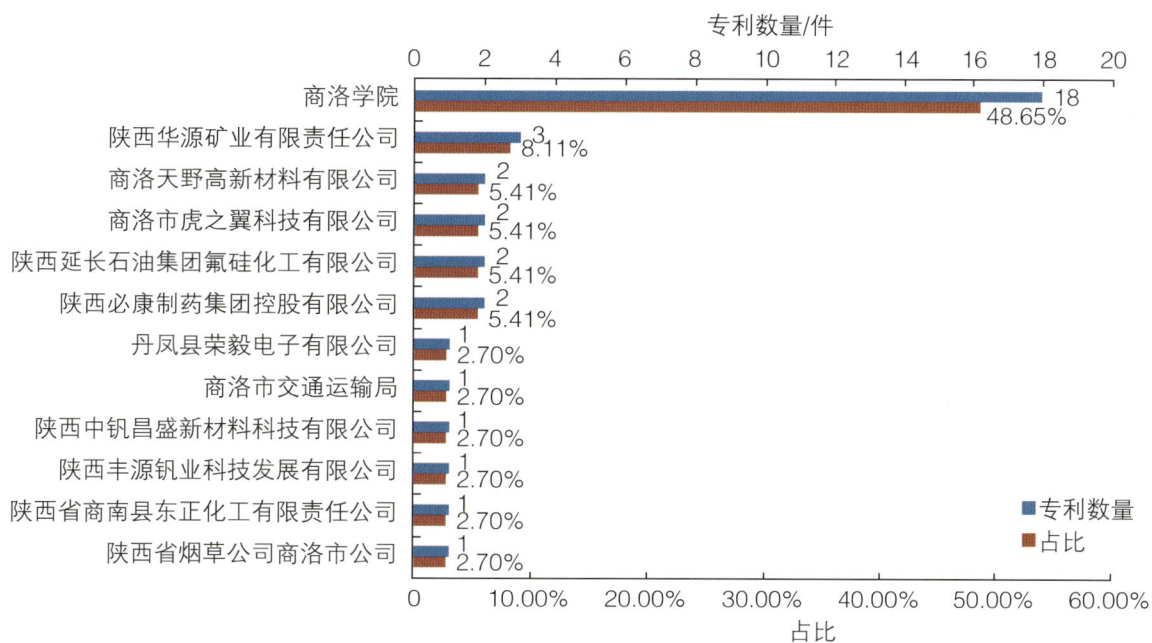

图 2-35　2019 年商洛市授权发明专利主要申请机构

（6）渭南市

2019 年渭南市发明专利公开量为 552 件，申请机构居 TOP 10 的以企业为主，企业申请量约占全市总量的 52%，尤其是民营企业表现良好。因渭南地区高校很少，仅有陕西铁路工程职业技术学院进入 TOP 10 机构，且高校占比仅约 5%。自然人申请量占比较大，约 42%；前 3 位自然人分别为李小强（16 件）、田启旺（8 件）和谭建新（8 件）。2019 年渭南市发

明专利授权量为 45 件，申请主体以企业为主，占比达 71%，民营企业表现突出。图 2-36 和图 2-37 是以申请机构进行统计排名的结果（不含自然人）。

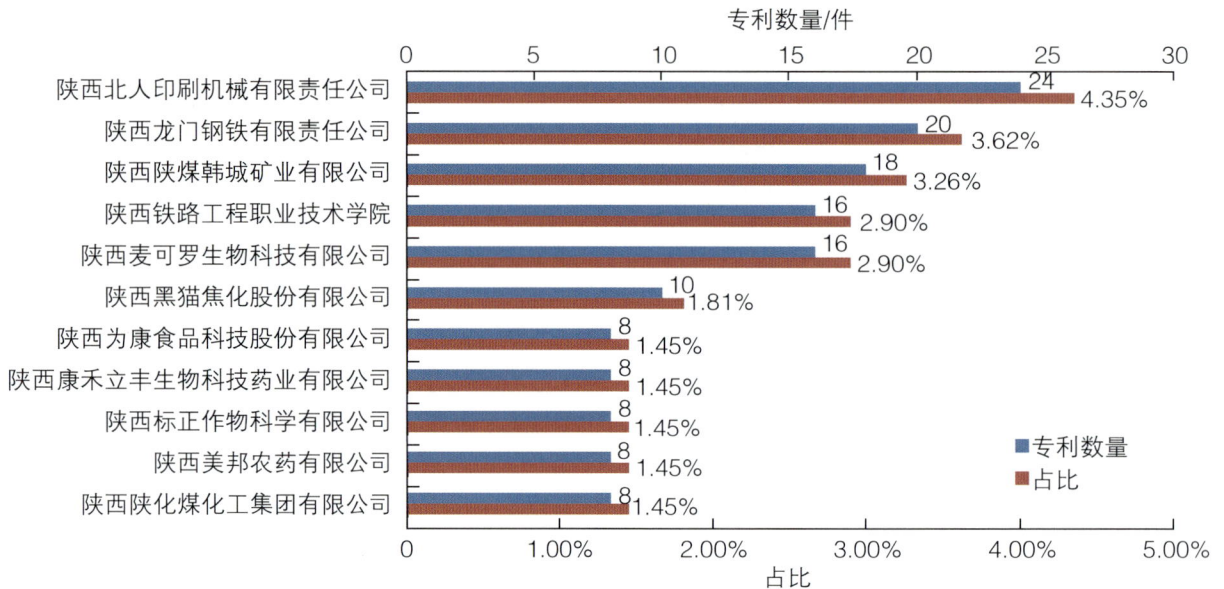

图 2-36　2019 年公开的渭南市发明专利申请机构 TOP 10

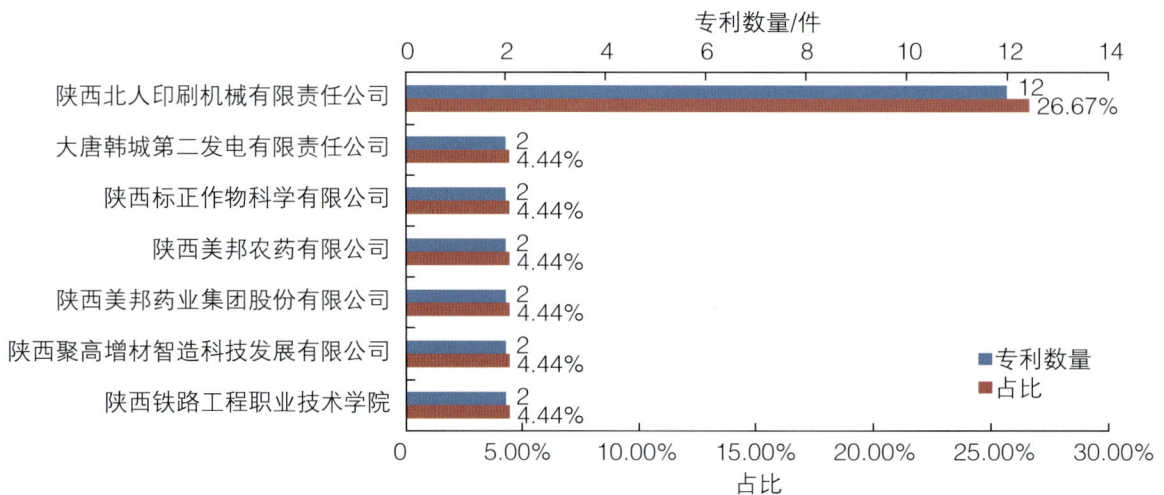

图 2-37　2019 年渭南市授权发明专利主要申请机构

（7）榆林市

2019 年榆林市发明专利公开量为 628 件，申请主体中自然人和企业作为主导，自然人占比约 47%，企业占比约 31%；其中，前 3 位自然人分别为张毅（12 件）、张俊霞（7 件）和郝哲新（7 件）。2019 年榆林市发明专利授权量为 64 件，其中企业占比最大，约 55%；

自然人占比约 27%、高校占比约 18%。榆林学院表现良好，在榆林市发明专利公开和授权量中的占比分别达到 14% 和 16%。图 2-38 和图 2-39 是以申请机构进行统计排名的结果（不含自然人）。

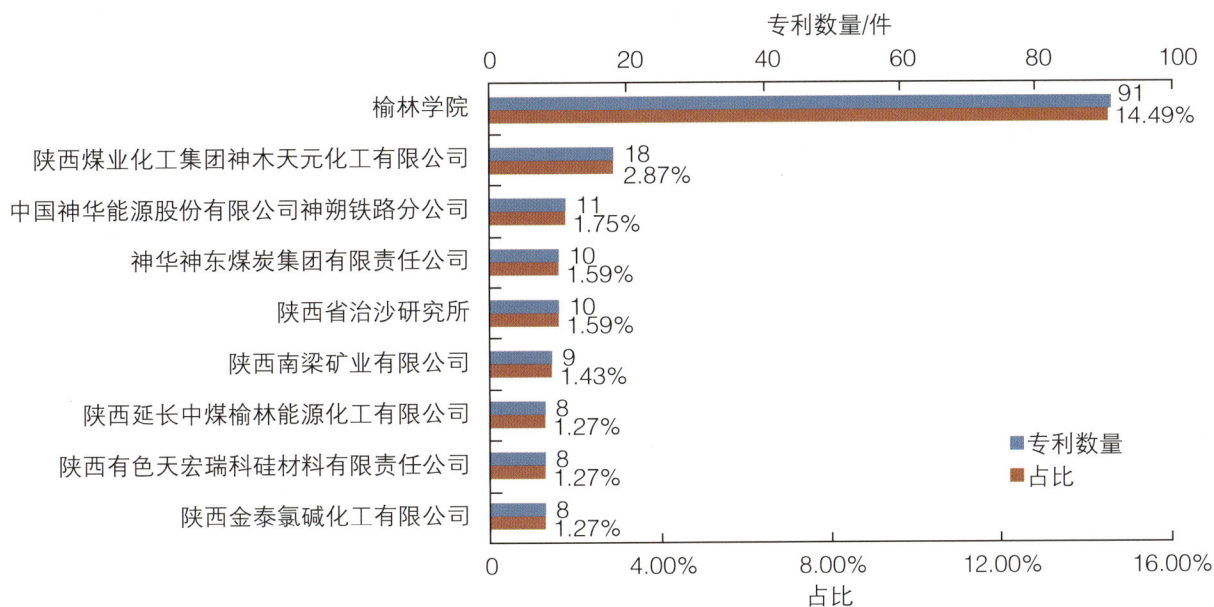

图 2-38　2019 年公开的榆林市发明专利申请机构 TOP 10

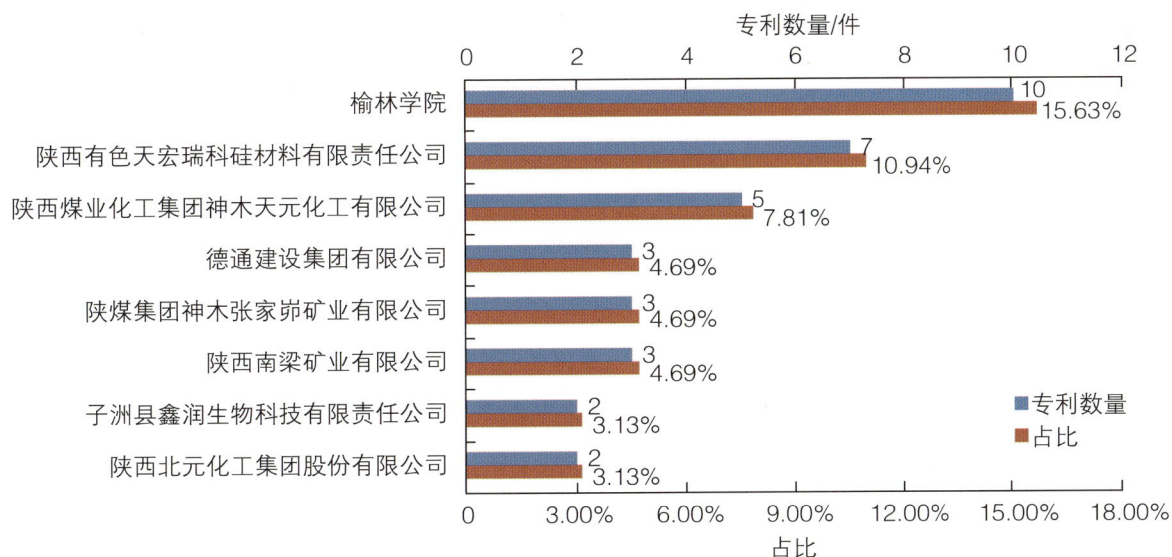

图 2-39　2019 年榆林市授权发明专利主要申请机构

（8）延安市

2019 年延安市发明专利公开量为 229 件，申请主体中，自然人占比 38%、高校占比

30%、企业占比 24%；发明专利授权量为 35 件，申请主体中，企业占比 33%、高校占比 31%、自然人占比 19%。延安大学专利数量最多，在延安市发明专利公开和授权量中的占比均达到 29% 左右。图 2-40 和图 2-41 是以申请机构进行统计排名的结果（不含自然人）。

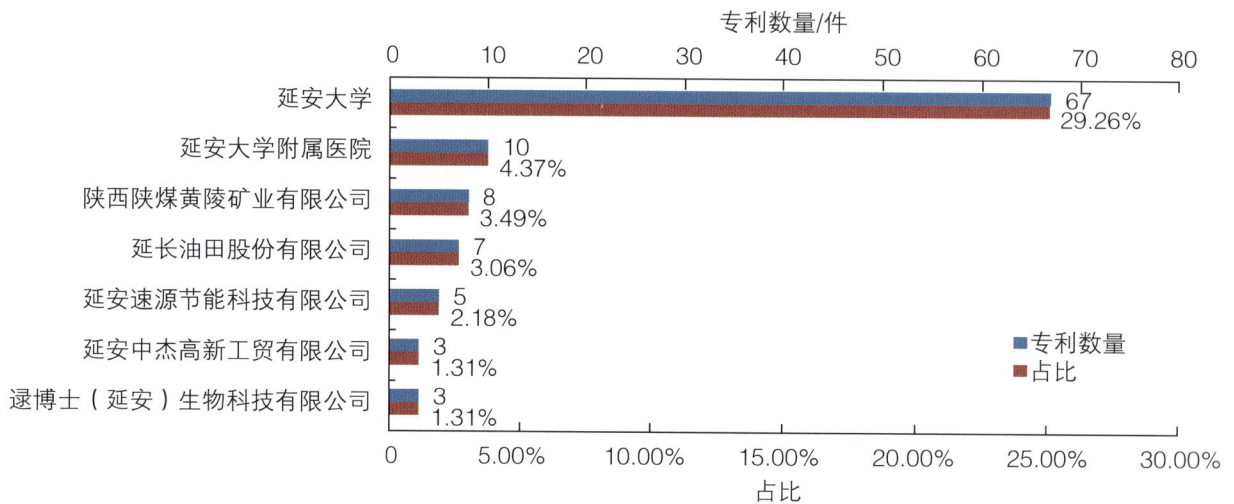

图 2-40　2019 年公开的延安市发明专利主要申请机构

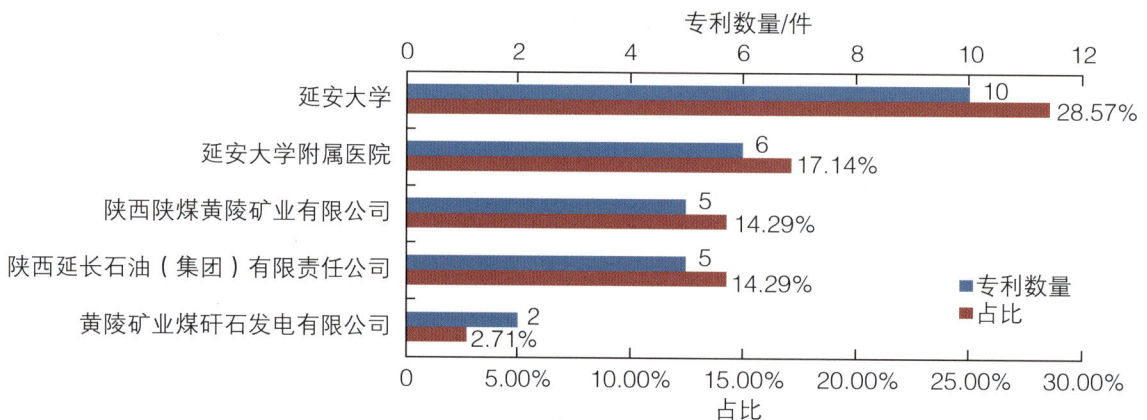

图 2-41　2019 年延安市授权发明专利主要申请机构

（9）安康市

2019 年安康市发明专利公开量为 223 件，申请主体中，企业占比 40%、自然人占比 35%、高校占比 21%；发明专利授权量为 13 件，申请主体中，自然人占比 38%、企业占比 31%、高校占比 23%。除去申请主体为自然人的情况，授权发明专利申请主体共涉及 5 个单位。安康学院表现良好，在安康市发明专利公开和授权量中的占比分别达到 21% 和 23%。图 2-42 和图 2-43 是以申请机构进行统计排名的结果（不含自然人）。

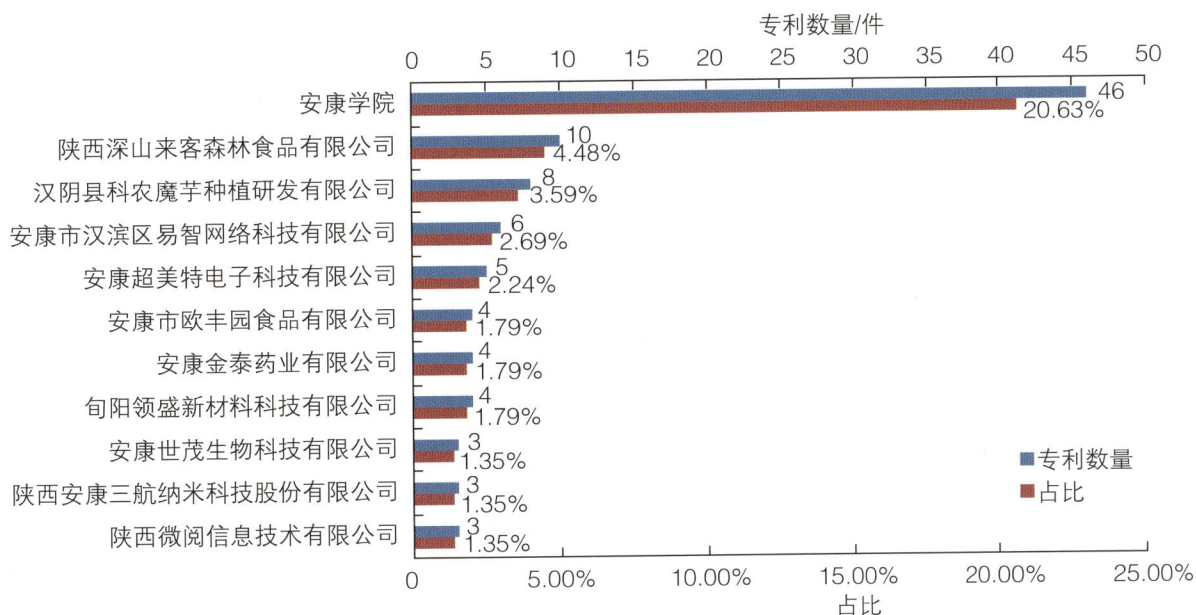

图 2-42　2019 年公开的安康市发明专利主要申请机构

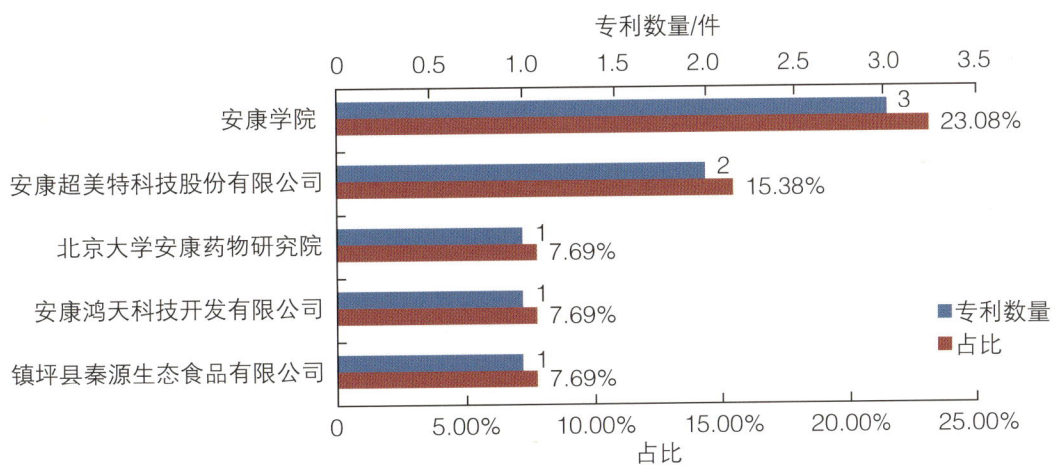

图 2-43　2019 年安康市授权发明专利主要申请机构

（10）铜川市

2019 年铜川市发明专利公开量为 58 件，申请主体中企业占主导地位，占比约 66%，民营企业表现较好（图 2-44）；自然人占比约 28%。

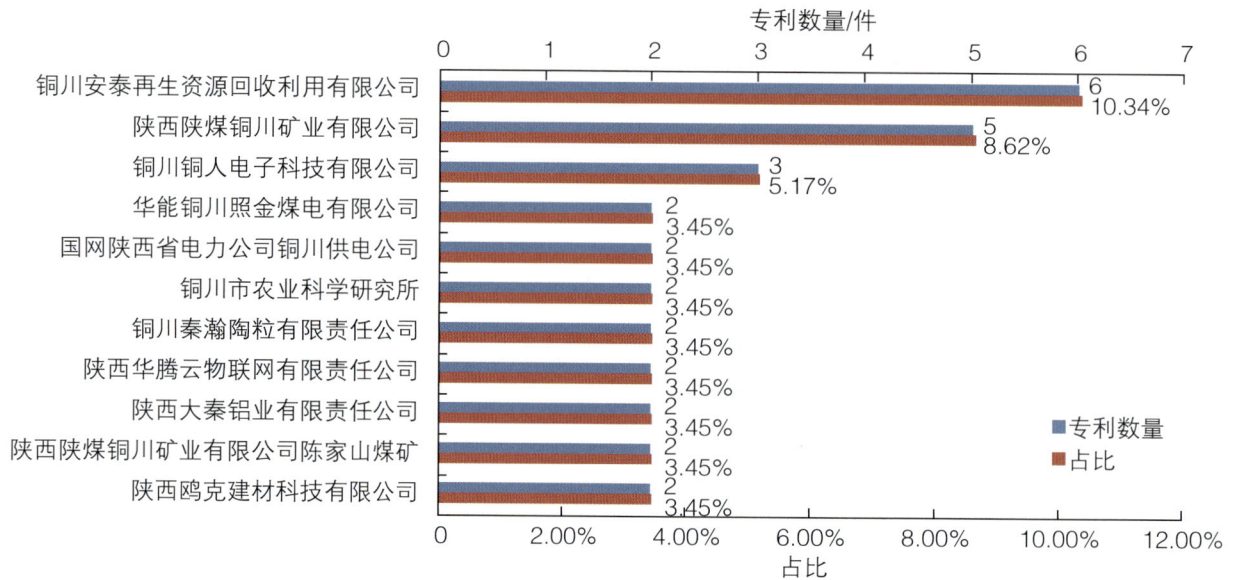

图 2-44　2019 年公开的铜川市发明专利主要申请机构

2019 年铜川市发明专利授权量仅 5 件，除去申请人为自然人的情况，共涉及 2 家公司，分别为铜川市人民医院和陕西医标环境智能科技有限公司，各 1 件。

（本章撰写：张秀妮、杨程凯）

第三章

陕西"国外专利"数据

一、专利总量数据

2019 年，陕西申请的国外专利（包括 PCT 国际专利、欧洲专利、美国专利、日本专利、韩国专利）公开总量为 667 件（图 3-1），DWPI 同族专利 588 件。陕西申请的美国专利（265 件）和 PCT 国际专利（237 件）数量相对较多。

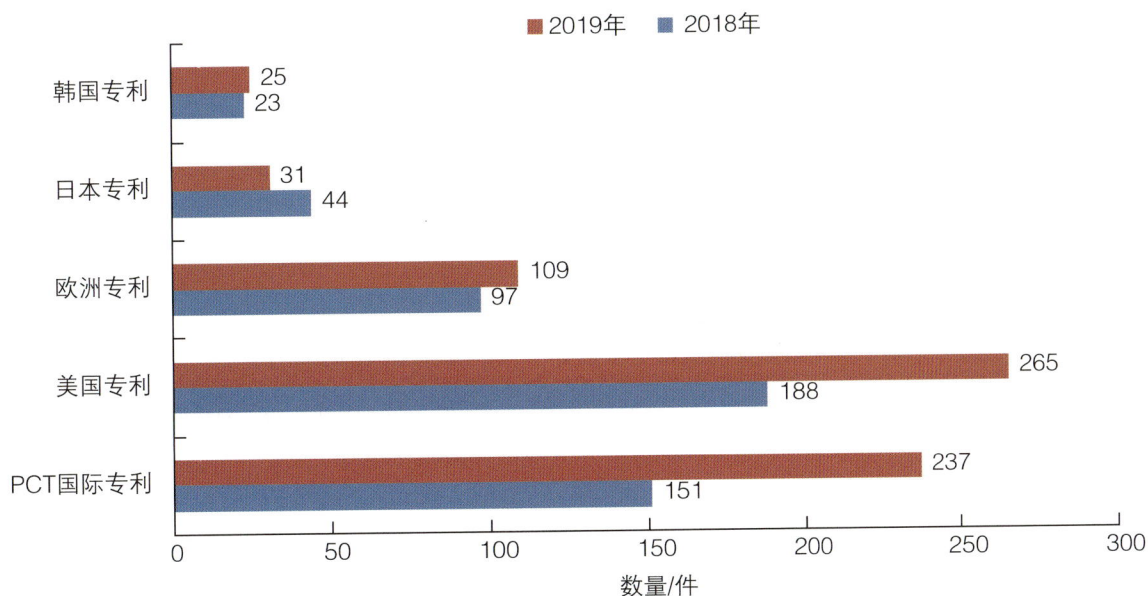

图 3-1　2019 年陕西申请的国外专利公开数据

2019 年，陕西申请国外专利公开量排名前 2 位的是西安中兴新软件有限责任公司和西安交通大学。西安中兴新软件有限责任公司和排名第 3 位的西安西电捷通无线网络通信股份有限公司两家机构在 PCT 国际专利、美、欧、日、韩等国家和组织均有专利公开，而西安交通大学比较注重 PCT 国际专利和美国专利的申请，在日本和韩国专利布局较少。图 3-2 列出的申请主体 TOP 10 中，2019 年虽以高校居多，但除西安交通大学的专利公开量比去年增幅较大以外，其他高校数量均不突出，西安中兴新软件有限责任公司在国际技术竞争方面的活力和实力比省内其他企业和高校更强些。

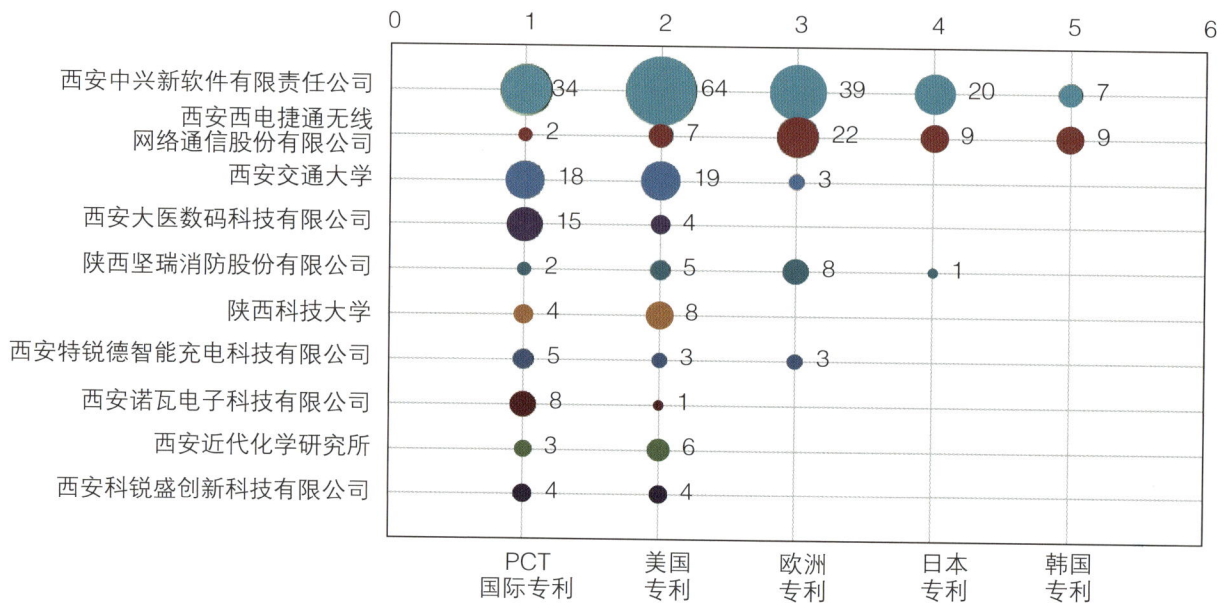

图 3-2　2019 年陕西国外专利申请主体 TOP 10（单位：件）

2019 年，陕西申请的国外公开专利主要分布在电通信技术和生物医药技术领域。其中，IPC 分类中的 H04L（数字信息的传输）和 H04W（无线通信网络）两类，均超过 100 件（表 3-1），显示出陕西在电学（H 类）特别是电子通信领域有明显的比较优势。

表 3-1　2019 年陕西申请的国外专利 IPC 分类 TOP 10

序号	IPC 分类	释义	专利数量/件
1	H04L	数字信息的传输，如电报通信	140
2	H04W	无线通信网络	139
3	G06F	电数字数据处理	61
4	H04B	传输	43
5	A61K	医用、牙科用或梳妆用的配制品	37
6	A61P	化合物或药物制剂的特定治疗活性	35
7	A61N	电疗；磁疗；放射疗；超声波疗	26
8	H01L	半导体器件	19
9	C07C	无环或碳环化合物	18
10	G01N	借助于测定材料的化学或物理性质来测试或分析材料	17
10	H04M	电话通信	17

二、PCT 国际专利数据

1. 专利公开数据

2019 年，我国 PCT 公开专利量 53 147 件，同比增长 11.9%。其中，陕西 237 件，仅占全国总量的 0.45%。陕西 PCT 国际专利的主要申请主体如表 3-2 和图 3-3 所示。排名前 3 位的申请主体是西安中兴新软件有限责任公司、西安交通大学和西安大医集团有限公司，PCT 公开专利数量依次为 83 件、34 件和 19 件，与上一年相比均有所上升。其中，西安中兴新软件有限责任公司的 PCT 公开专利数量约增长了 144%，西安交通大学的 PCT 公开专利数量约增长了 88.9%。总体上看，陕西企业的 PCT 国际专利申请活动依旧比高校活跃。

表 3-2   2019 年公开的陕西 PCT 国际专利申请主体 TOP 10

序号	申请主体	涉及的主要 IPC 分类[①] / 件	释义
1	西安中兴新软件有限责任公司	H04W（23） G06F（20）	无线通信网络 电数字数据处理
2	西安交通大学	C21B（7） A61B（3） G06F（3）	铁或钢的冶炼 诊断；外科；鉴定 电数字数据处理
3	西安大医集团有限公司	A61N（16） A61B（5）	电疗；磁疗；放射疗；超声波疗 诊断；外科；鉴定
4	长安大学	G06T（3）	一般的图像数据处理或产生
5	西安威西特消防科技有限责任公司	B01D（4） C02F（3）	分离 水、废水、污水或污泥的处理
6	西安艾润物联网技术服务有限责任公司	G07B（2） G06K（2）	售票设备；收车费、通行费或入场费的装置或设备；签发设备 穿孔卡片或具有磁性标记的卡片的记录或重现设备
7	商洛市虎之翼科技有限公司	F21L（2） F21V（2）	发光装置或其系统，便携式的或专门适合移动的 照明装置或其系统的功能特征或零部件
8	陕西斯达防爆安全科技股份有限公司	C01B（3）	非金属元素；其化合物
9	西安肖氏天线科技有限公司	H01Q（4） C08L（1）	天线 高分子化合物的组合物
10	西安西电捷通无线网络通信股份有限公司	H04L（4） H04W（1）	数字信息的传输，如电报通信 无线通信网络

续表

序号	申请主体	涉及的主要 IPC 分类 ①/件	释义
11	西北工业大学	E04B（1） B23B（1） B23P（1） E21B（1）	一般建筑物构造；墙 车削；镗削 金属的其他加工；组合加工；万能机床 土层或岩石的钻进

①因每件专利涉及多个分类号，故此表中 IPC 分类后括号内的专利数与各机构公开专利的合计数不相等（专利分类数据之和＞各机构专利数据之和）。后续表格中同理，不再注释。

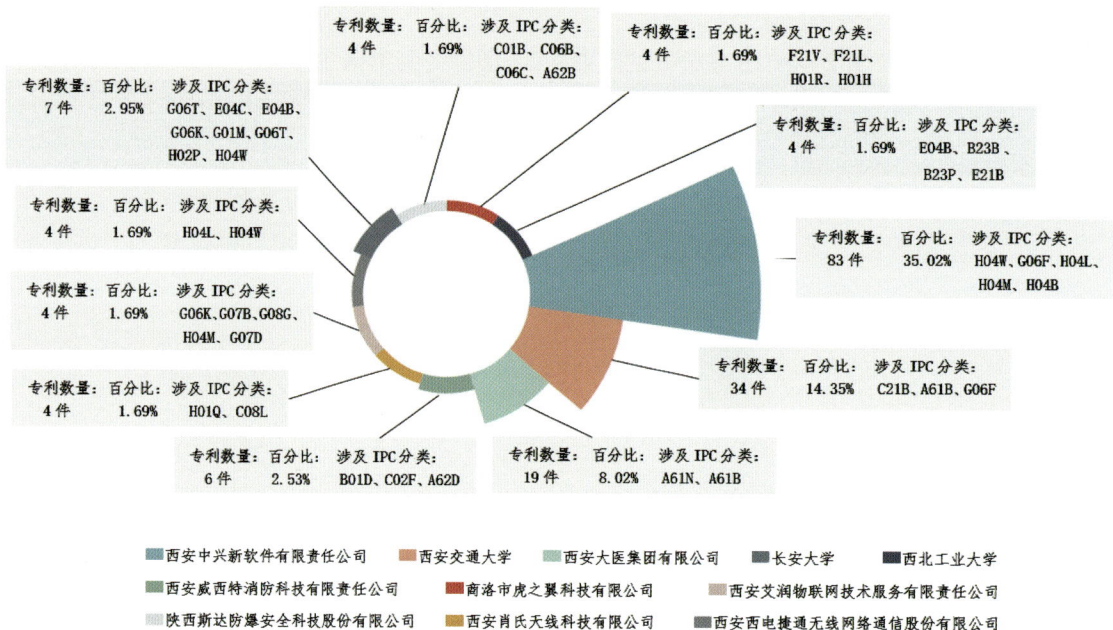

图 3-3　2019 年公开的陕西 PCT 国际专利申请主体 TOP 10

2. IPC 分类数据

2019 年陕西公开的 PCT 国际专利的技术领域主要分布在 H04（电通信技术）、G06（计算、推算、计数）和 A61（医学或兽医学、卫生学）等几大类。具体的技术领域方向中，H04（电通信技术）的公开专利数量与 2018 年相比翻了一番还多，主要是西安中兴新软件有限责任公司的贡献。H（电学）和 G（物理）两个大类的专利数量占绝对优势，约占 73%，是陕西 PCT 国际专利的主要技术领域，也说明陕西在这两个技术方向上有一定的竞争力（表 3-3）。

表 3-3　2019 年公开的陕西 PCT 国际专利的主要 IPC 分类

序号	IPC 分类	释义	专利数量/件	百分比
1	H04W	无线通信网络	26	10.97%
2	H04L	数字信息的传输，如电报通信	26	10.97%
3	G06F	电数字数据处理	24	10.13%
4	H04B	传输	18	7.59%
5	A61N	电疗；磁疗；放射疗；超声波疗	17	7.17%
6	H04M	电话通信	11	4.64%
7	A61B	诊断；外科；鉴定	10	4.22%
8	H01Q	天线	7	2.95%
9	G06K	穿孔卡片或具有磁性标记的卡片的记录或重现设备	7	2.95%
10	C21B	铁或钢的冶炼	7	2.95%

三、美国专利数据

1. 专利公开数据

2019 年，我国申请的美国专利公开量为 48 146 件，同比增长 17.11%。其中，广东 15 241 件、北京 9266 件，陕西申请的美国专利公开量为 266 件，约为广东的 1/57，北京的 1/35。陕西共有 67 家机构申请了美国专利，最主要的申请机构是西安中兴新软件有限责任公司，专利公开数量 98 件，遥遥领先于省内其他机构。紧随其后的是西安交通大学、陕西科技大学和咸阳彩虹光电科技有限公司，专利公开数量分别为 28 件、21 件和 11 件（表 3-4 和图 3-4），数量与上年相比均有增加。其他机构申请的美国专利公开数量都不超过 10 件。陕西企业的美国专利申请活动比陕西高校活跃且有效。

表 3-4　2019 年公开的陕西美国专利的主要申请主体

序号	申请主体	涉及的主要 IPC 分类/件	释义
1	西安中兴新软件有限责任公司	H04W（60）	无线通信网络
		H04L（58）	数字信息的传输

续表

序号	申请主体	涉及的主要IPC分类/件	释义
2	西安交通大学	H01H（5）	电开关；继电器；选择器；紧急保护装置
		HO2H（4）	紧急保护电路装置
3	陕西科技大学	C07C（7）	无环或碳环化合物
		C07D（5）	杂环化合物
		B01J（5）	化学或物理方法及其有关设备
4	咸阳彩虹光电科技有限公司	C09G（9）	虫胶清漆除外的抛光组合物
5	西安电子科技大学	H01L（3）	半导体器件
		H04L（2）	数字信息传输
6	陕西师范大学	B32B（2）	层状产品
7	西安创客科技公司	H01L（3）	半导体器件
		H01Q（3）	用于天线测量的设备
8	西安西电捷通无线网络通信股份有限公司	H04L（5）	数字信息的传输
9	长安大学	H04W（5）	无线通信网络

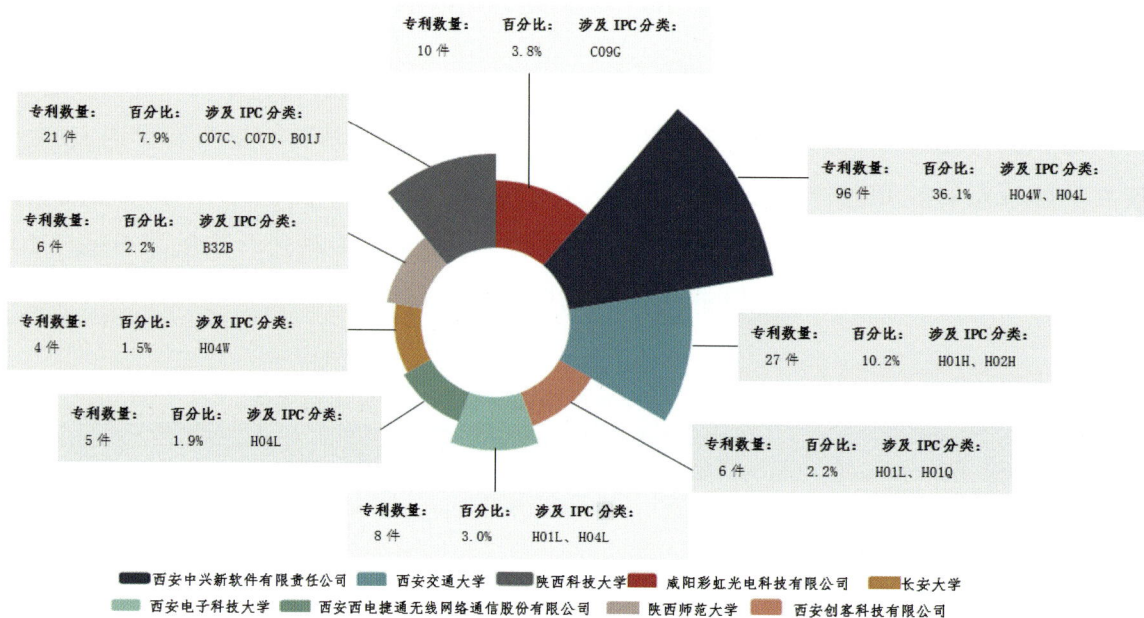

图3-4　2019年公开的陕西美国专利的主要申请主体

2. IPC 分类数据

2019 年陕西公开的美国专利的技术领域主要分布在 H04 电通信技术，G06 数据处理、H01 基本电气元件、C07 有机化学和 A61 医学、卫生学等几大类，特别是 H04 类（电通信技术）占到一半以上，具有明显优势（表 3-5），主要还是西安中兴新软件有限公司的贡献。与上年相比，除了 H04 电通信技术之外，陕西在数据处理领域申请的美国专利也有所增加。

表 3-5　2019 年公开的陕西美国专利的主要 IPC 分类

序号	IPC 分类	释义	专利数量 / 件	百分比
1	H04L	数字信息传输	69	25.94%
2	H04W	无线通信网络	68	25.56%
3	G06F	电数字数据处理	27	10.15%
4	H04B	电学信号传输	17	6.39%
5	H01L	半导体器件	15	5.64%
6	B01J	一般的物理或化学的方法或装置	11	4.14%
7	G09G	显示；广告	11	4.14%
8	H04N	图像通信	11	4.14%
9	A61P	化合物或药物制剂的特定治疗活性	10	3.76%
10	C07C	无环或碳环化合物	10	3.76%
11	G01N	测定材料的化学或物理性质来测试或分析材料	10	3.76%

四、欧洲专利数据

1. 专利公开数据

2019 年，我国申请的欧洲专利公开量达到 21 603 件，同比增长 4.59%。其中，北京 2838 件，广东 9639 件，陕西 107 件，与北京、广东差距巨大，约为北京的 1/27，广东的 1/90。西安中兴新软件有限责任公司和西安西电捷通无线网络通信股份有限公司是陕西取得欧洲专利的主要申请机构（表 3-6 和图 3-5），分别申请了 48 件和 10 件。申请机构中仍以企业为主，表现出明显的优势。陕西高校在欧洲的专利布局较弱，5 所高校共申请 8 件，在技术创新方面远不如几家高新技术企业。

表 3-6 2019 年陕西公开的欧洲专利的主要申请主体

序号	申请主体	涉及的主要 IPC 分类 / 件	释义
1	西安中兴新软件有限责任公司	H04W（29）	无线通信网络
		HO4L（26）	数字信息的传输
2	西安西电捷通无线网络通信股份有限公司	H04L（10）	数字信息的传输
		H04W（6）	无线通信网络
3	西安力邦制药有限公司	A61K（6）	医用、牙科用或梳妆用的配制品
		A61P（6）	化合物或药物制剂的特定治疗活性
4	西安华为技术有限公司	G06F（1）	电数字数据处理
		H04B（1）	传输
5	中国人民解放军空军军医大学	C07K（2）	肽
		A61K（2）	医用、牙科用或梳妆用的配制品
		A61P（2）	化合物或药物制剂的特定治疗活性
6	陕西坚瑞消防股份有限公司	A62D（3）	通过产生化学变化使有害的化学物质无害或减少害处的方法
7	西安特锐德智能充电科技有限公司	H02J（2）	供电或配电的电路装置或系统；电能存储系统
		B60L（2）	电动车辆动力装置
8	西北工业大学	B64G（1）	宇宙航行；及其所用的飞行器或设备
		G01N（1）	借助于测定材料的化学或物理性质来测试或分析材料
9	中化近代环保化工（西安）有限公司	C07C（2）	无环或碳环化合物

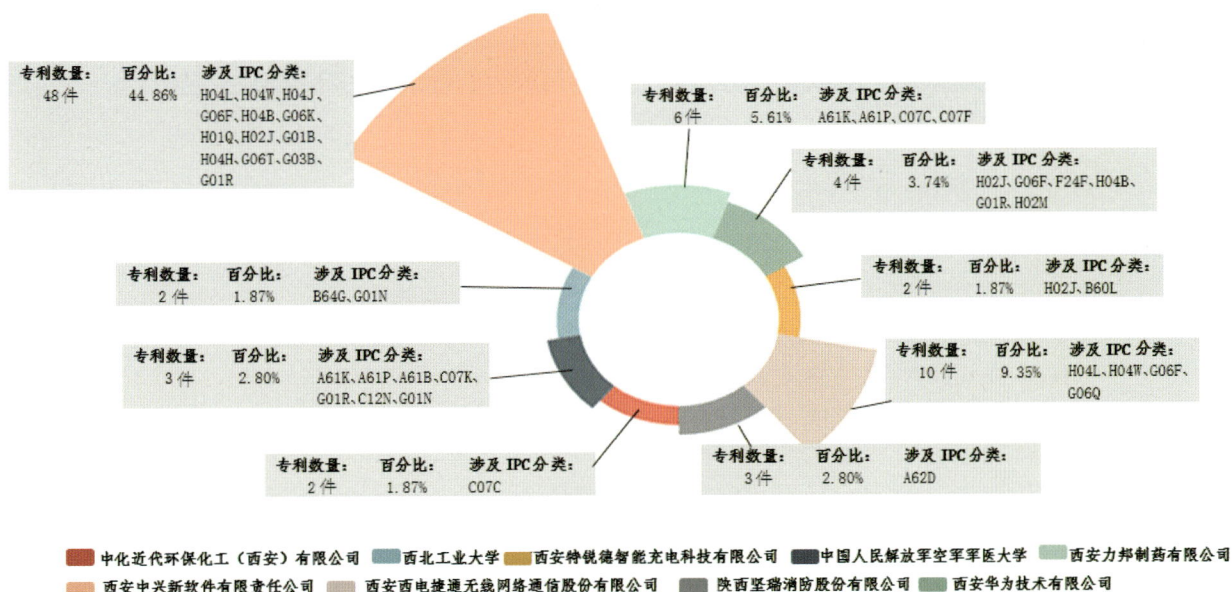

图 3-5　2019 年陕西公开的欧洲专利的主要申请主体

2. IPC 分类数据

　　2019 年公开的陕西申请的欧洲专利技术领域主要分布在 H04（电通信技术）、A61（医学或兽医学；卫生学）、G06（计算、推算、计数）和 G01（测量；测试）等几大类（表 3-7），主要还是西安中兴新软件有限公司的贡献，其在 2018 年、2019 年不仅申请 PCT 国际专利，同时在欧洲和美国也都进行专利申请，反映出该公司在全球的专利持续布局战略。2019 年，西安力邦制药有限公司表现出色，在关节炎、脑中风和癫痫等药物（A61）方面，有 5 件专利公开；中化近代环保化工（西安）有限公司表现出色，在"四氟丙烷""四氟丙烯"制备及应用方向新增相关专利 2 件。

表 3-7　2019 年陕西公开的欧洲专利的主要 IPC 分类

序号	IPC 分类	释义	专利数量 / 件	百分比
1	H04L	数字信息的传输，如电报通信	38	35.51%
2	H04W	无线通信网络	33	30.84%
3	A61K	医用、牙科用或梳妆用的配制品	14	13.08%
4	A61P	化合物或药物制剂的特定治疗活性	12	11.21%
5	G06F	电数字数据处理	9	8.41%

序号	IPC 分类	释义	专利数量 / 件	百分比
6	C07C	无环或碳环化合物	5	4.67%
7	H02J	供电或配电的电路装置或系统；电能存储系统	5	4.67%
8	H04B	传输	5	4.67%
9	A62D	灭火用化学装置；通过产生化学变化使有害的化学物质无害或减少害处的方法；用于防护有害化学试剂的覆盖物或衣罩的材料组合物；用于防毒面具、呼吸器、呼吸袋或头盔的透明部件的材料组合物；用于呼吸装置中的化学材料组合物	3	2.80%
10	C07K	肽	3	2.80%
11	G01N	借助于测定材料的化学或物理性质来测试或分析材料	3	2.80%
12	G01R	测量电变量；测量磁变量	3	2.80%
13	A61N	电疗；磁疗；放射疗；超声波疗	2	1.87%
14	A61Q	化妆品或类似梳妆用配制品的特定用途	2	1.87%
15	C12N	微生物或酶；其组合物	2	1.87%
16	G06K	数据识别、表示；记录载体及其处理	2	1.87%
17	G06Q	专门适用于行政、商业、金融、管理、监督或预测目的的数据处理系统或方法	2	1.87%
18	H01R	导电连接；一组相互绝缘的电连接元件的结构组合；连接装置；集电器	2	1.87%
19	H02M	用于交流和交流之间、交流和直流之间，或直流和直流之间的转换，以及用于与电源或类似的供电系统一起使用的设备	2	1.87%
20	H04Q	选择（开关、继电器、选择器入 H01H；无线通信网络入 H04W）	2	1.87%

五、日本专利数据

1. 专利公开数据

2019 年，我国申请的日本专利公开量为 8263 件，同比增长约 25.39%。其中，广东 2446 件，北京 1248 件，陕西 31 件，与广东、北京差距巨大。

陕西共 16 家机构联合或独立申请了日本专利（其中有 2 件专利为 2 家机构联合申请），主要申请机构为西安中兴新软件有限责任公司和陕西科技大学，专利公开数量分别为 8 件和 5 件，主要涉及电通信技术（表 3-8 和图 3-6）。其余机构申请的日本专利的公开量均不超过 3 件。陕西企业的日本专利申请活动比高校活跃。

表 3-8   2019 年陕西公开的日本专利的主要申请主体

序号	申请主体	涉及的主要 IPC 分类 / 件	释义
1	西安中兴新软件有限责任公司	H04W（6）	无线通信网络
		H04L（1）	数字信息的传输，如电报通信
		H04J（1）	多路复用通信
		H04B（1）	传输
2	陕西科技大学	A61K（2）	医用、牙科用或梳妆用的配制品
		A61P（2）	化合物或药物制剂的特定治疗活性
		C07D（4）	杂环化合物
		C07K（1）	肽
		C12P（1）	发酵或使用酶的方法合成目标化合物或组合物或从外消旋混合物中分离旋光异构体
3	第四军医大学	A61K（2）	医用、牙科用或梳妆用的配制品
		A61P（2）	化合物或药物制剂的特定治疗活性
		C07K（2）	肽
		C12N（2）	微生物或酶；其组合物；繁殖、保藏或维持微生物；变异或遗传工程；培养基
4	西北大学、西安蒲阳科技发展有限公司	A23L（1）	烹调、营养品质的改进、物理处理；食品或食料的一般保存
		A61K（2）	医用、牙科用或梳妆用的配制品
		A61P（2）	化合物或药物制剂的特定治疗活性
		C07B（1）	有机化学的一般方法；所用的装置
		C07C（1）	无环或碳环化合物
		C07D（1）	杂环化合物
5	西安西电捷通无线网络通信股份有限公司	G09C（2）	用于密码或涉及保密需要的其他用途的编码或译码装置
		H04L（2）	数字信息的传输，如电报通信
6	西安超嗨网络科技有限公司	G06Q（1）	专门适用于行政、商业、金融、管理、监督或预测目的的数据处理系统或方法；其他类目不包含的专门适用于行政、商业、金融、管理、监督或预测目的的处理系统或方法
		G07G（2）	登记收到的现金、贵重物或辅币

续表

序号	申请主体	涉及的主要IPC分类/件	释义
7	西安科技大学、陕西同心连铸管业科技有限公司	G01C（1）	测量距离、水准或者方位；勘测；导航；陀螺仪；摄影测量学或视频测量学
		G01D（1）	非专用于特定变量的测量；不包含在其他单独小类中的测量两个或多个变量的装置；计费设备；非专用于特定变量的传输或转换装置；未列入其他类目的测量或测试
		G01S（1）	无线电定向；无线电导航；采用无线电波测距或测速；采用无线电波的反射或再辐射的定位或存在检测；采用其他波的类似装置
		G05D（1）	非电变量的控制或调节系统
		G08G（1）	交通控制系统
		G09B（1）	教育或演示用具；用于教学或与盲人、聋人或哑人通信的用具；模型；天象仪；地球仪；地图；图表
		B22D（1）	金属铸造；用相同工艺或设备的其他物质的铸造
		F16C（1）	软轴；在挠性护套中传递运动的机械装置；曲轴机构的元件；枢轴；枢轴连接；除传动装置、联轴器、离合器或制动器元件以外的转动工程元件；轴承
8	西北工业大学	G01N（1）	借助于测定材料的化学或物理性质来测试或分析材料
9	西安盛赛尔电子有限公司	G08B（1）	信号装置或呼叫装置；指令发信装置；报警装置
10	陕西嘉禾植物化工有限责任公司	C07D（1）	杂环化合物
11	陕西煤业化工集团、陕西地质环境监测总站	E21C（1）	采矿或采石
12	西安正安环境技术有限公司	F04C（1）	旋转活塞或摆动活塞的液体变容式机械；旋转活塞或摆动活塞的变容式泵
13	西安固能新材料科技有限公司	C06B（1）	炸药或热剂的组合物；其制造；用单种物质作炸药
		C06D（1）	烟雾发生装置；毒气攻击剂；爆炸或推进用气体的产生
14	西安虹陆洋机电设备有限公司	G01S（1）	无线电定向；无线电导航；采用无线电波测距或测速；采用无线电波的反射或再辐射的定位或存在检测；采用其他波的类似装置
		G01V（1）	地球物理；重力测量；物质或物体的探测；示踪物

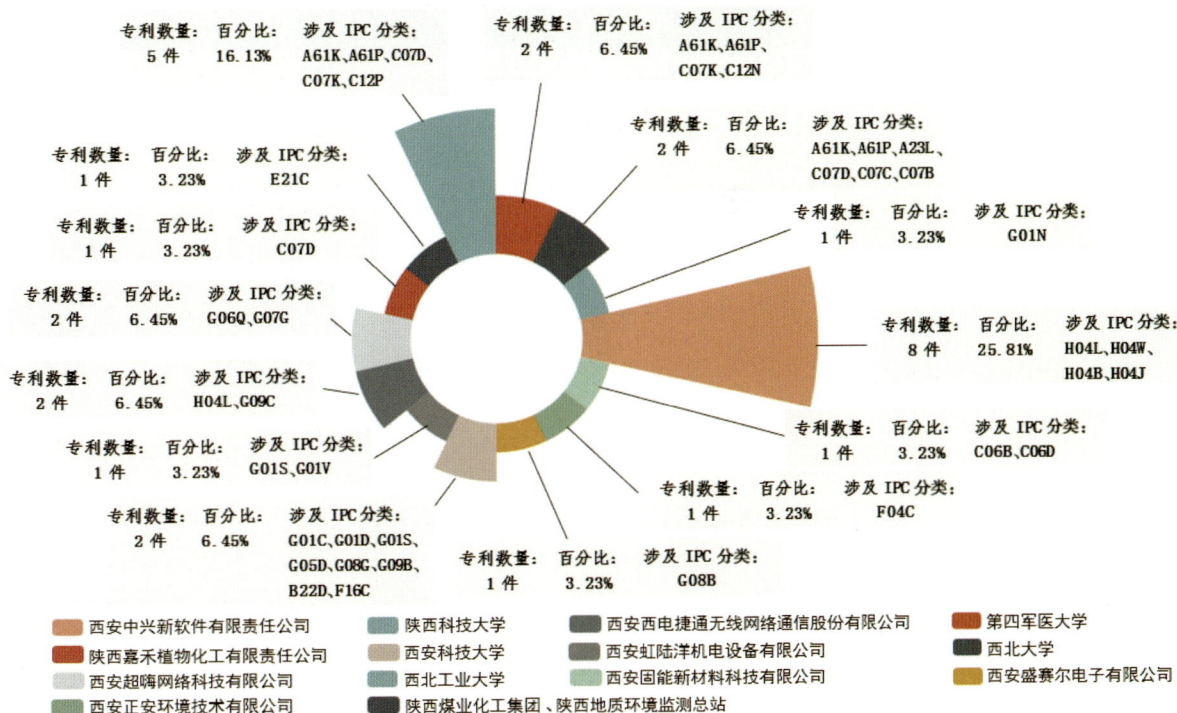

图 3-6　2019 年陕西公开的日本专利的主要申请主体

2. IPC 分类数据

2019 年陕西公开的日本专利的技术领域主要分布在 H04（电通信技术）及 A61（医学或兽医学；卫生学），分别为 8 件和 6 件（表 3-9），共占当年陕西日本专利公开总量的45.16%。具体的技术领域方向中，H04W（无线通信网络）、A61K（医用、牙科用或梳妆用的配制品）及 A61P（化合物或药物制剂的特定治疗活性）的专利数量较多，主要是西安中兴新软件有限责任公司、陕西科技大学、第四军医大学和西北大学的贡献。

表 3-9　2019 年陕西公开的日本专利的主要 IPC 分类

序号	IPC 分类	释义	专利数量 / 件	百分比
1	H04W	无线通信网络	6	19.35%
2	C07D	杂环化合物	6	19.35%
3	A61K	医用、牙科用或梳妆用的配制品	6	19.35%
4	A61P	化合物或药物制剂的特定治疗活性	6	19.35%
5	C07K	肽	3	9.68%

续表

序号	IPC 分类	释义	专利数量/件	百分比
6	H04L	数字信息的传输，如电报通信	3	9.68%
7	C12N	微生物或酶；其组合物；繁殖、保藏或维持微生物；变异或遗传工程；培养基	2	6.45%
8	G01S	无线电定向；无线电导航；采用无线电波测距或测速；采用无线电波的反射或再辐射的定位或存在检测；采用其他波的类似装置	2	6.45%
9	G07G	登记收到的现金、贵重物或辅币	2	6.45%
10	G09C	用于密码或涉及保密需要的其他用途的编码或译码装置	2	6.45%
11	A23L	烹调、营养品质的改进、物理处理；食品或食料的一般保存	1	6.45%
12	B22D	金属铸造；用相同工艺或设备的其他物质的铸造	1	3.23%
13	C06B	炸药或热剂的组合物；其制造；用单种物质作炸药	1	3.23%
14	C06D	烟雾发生装置；毒气攻击剂；爆炸或推进用气体的产生	1	3.23%
15	C07B	有机化学的一般方法；所用的装置	1	3.23%
16	C07C	无环或碳环化合物	1	3.23%
17	C12P	发酵或使用酶的方法合成目标化合物或组合物或从外消旋混合物中分离旋光异构体	1	3.23%
18	E21C	采矿或采石	1	3.23%
19	F04C	旋转活塞或摆动活塞的液体变容式机械；旋转活塞或摆动活塞的变容式泵	1	3.23%
20	F16C	软轴；在挠性护套中传递运动的机械装置；曲轴机构的元件；枢轴；枢轴连接；除传动装置、联轴器、离合器或制动器元件以外的转动工程元件；轴承	1	3.23%
21	G01C	测量距离、水准或者方位；勘测；导航；陀螺仪；摄影测量学或视频测量学	1	3.23%

续表

序号	IPC 分类	释义	专利数量 / 件	百分比
22	G01D	非专用于特定变量的测量；不包含在其他单独小类中的测量两个或多个变量的装置；计费设备；非专用于特定变量的传输或转换装置；未列入其他类目的测量或测试	1	3.23%
23	G01N	借助于测定材料的化学或物理性质来测试或分析材料	1	3.23%
24	G01V	地球物理；重力测量；物质或物体的探测；示踪物	1	3.23%
25	G05D	非电变量的控制或调节系统	1	3.23%
26	G06Q	专门适用于行政、商业、金融、管理、监督或预测目的的数据处理系统或方法；其他类目不包含的专门适用于行政、商业、金融、管理、监督或预测目的的处理系统或方法	1	3.23%
27	G08B	信号装置或呼叫装置；指令发信装置；报警装置	1	3.23%
28	G08G	交通控制系统	1	3.23%
29	G09B	教育或演示用具；用于教学或与盲人、聋人或哑人通信的用具；模型；天象仪；地球仪；地图；图表	1	3.23%
30	H04J	多路复用通信	1	3.23%
31	H04B	传输	1	3.23%

六、韩国专利数据

1. 专利公开数据

2019年，我国申请的韩国专利公开量为6419件，同比增长17.28%。其中，广东2265件，北京905件，陕西25件，与北京、广东差距巨大。陕西有14家机构申请了韩国专利，主要申请机构是西安西电捷通无线网络通信股份有限公司和西安中兴新软件有限责任公司，专利公开数量均为5件，共计占全部陕西韩国公开专利数量的40%（表3-10和图3-7），集中在电通信技术方向。陕西坚瑞消防股份有限公司表现出色，在"灭火组合物"方向新增相关专利3件。陕西企业的韩国专利申请活动活跃度远超高校。

表 3-10 2019 年陕西公开的韩国专利的主要申请主体

序号	申请主体	涉及的主要 IPC 分类 / 件	释义
1	西安西电捷通无线网络通信股份有限公司	H04L（3）	数字信息的传输
		H04W（3）	无线通信网络
2	西安中兴新软件有限责任公司	H04W（3）	无线通信网络
		H04B（2）	传输
3	陕西坚瑞消防股份有限公司	A62C（2）	消防（灭火组合物等）
		A62D（1）	灭火用化学装置
4	西北大学	A61K（2）	医用、牙科用或梳妆用的配制品
5	中国人民解放军空军军医大学	C07K（2）	肽
6	陕西龙成煤清洁高效利用有限公司	C10B（1）	含碳物料的干馏生产煤气、焦炭、焦油或类似物
7	西安炬光科技股份有限公司	A61B（1）	诊断；外科；鉴定
8	西安可视可觉网络科技有限公司	G06F（1）	电数字数据处理
9	西安蓝晓科技新材料股份有限公司	C07C（1）	无环或碳环化合物
10	西安力邦制药有限公司	C07J（1）	甾族化合物
11	西安麦特沃金液控技术有限公司	B30B（1）	一般压力机
12	西安石云交通设备有限公司	G07B（1）	售票设备；车费计
13	西安蒲阳科技发展有限公司	C07C（1）	无环或碳环化合物
14	西安固能新材料科技有限公司	C06B（1）	炸药或热剂的组合物

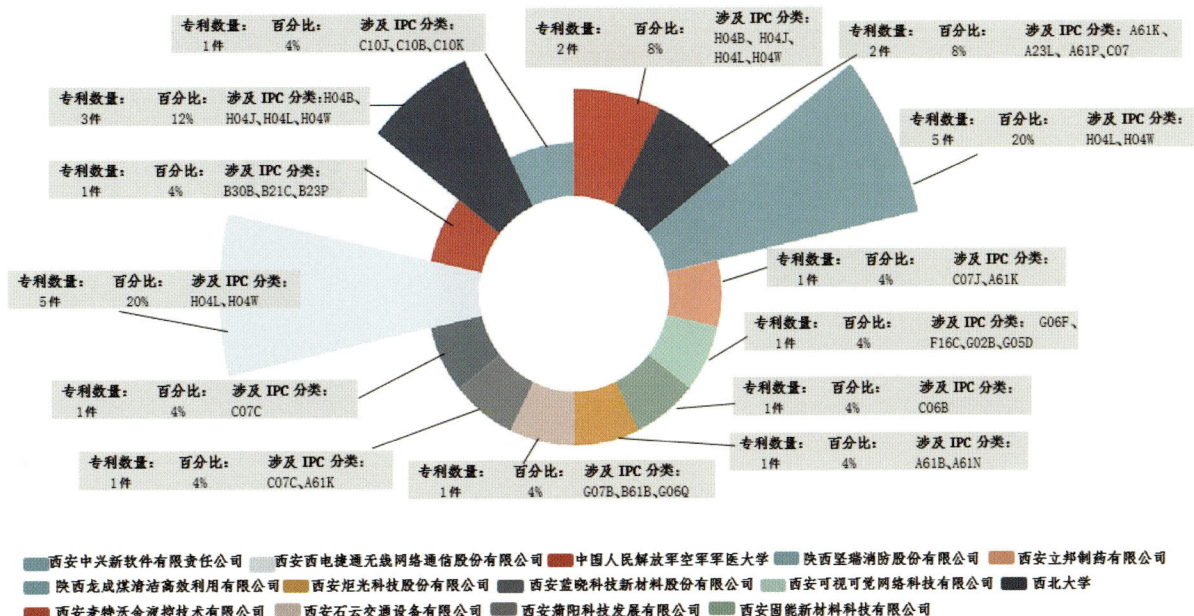

专利数量： 1件	百分比： 4%	涉及 IPC 分类： C10J、C10B、C10K
专利数量： 2件	百分比： 8%	涉及 IPC 分类： H04B、H04J、H04L、H04W
专利数量： 2件	百分比： 8%	涉及 IPC 分类：A61K、 A23L、A61P、C07
专利数量： 3件	百分比： 12%	涉及 IPC 分类：H04B、H04J、H04L、H04W
专利数量： 5件	百分比： 20%	涉及 IPC 分类： H04L、H04W
专利数量： 1件	百分比： 4%	涉及 IPC 分类： B30B、B21C、B23P
专利数量： 1件	百分比： 4%	涉及 IPC 分类： C07J、A61K
专利数量： 5件	百分比： 20%	涉及 IPC 分类： H04L、H04W
专利数量： 1件	百分比： 4%	涉及 IPC 分类：G06F、 F16C、G02B、G05D
专利数量： 1件	百分比： 4%	涉及 IPC 分类： C07C
专利数量： 1件	百分比： 4%	涉及 IPC 分类： C06B
专利数量： 1件	百分比： 4%	涉及 IPC 分类： C07C、A61K
专利数量： 1件	百分比： 4%	涉及 IPC 分类： G07B、B61B、G06Q
专利数量： 1件	百分比： 4%	涉及 IPC 分类： A61B、A61N

图例：
- 西安中兴新软件有限责任公司
- 西安西电捷通无线网络通信股份有限公司
- 中国人民解放军空军军医大学
- 陕西坚瑞消防股份有限公司
- 西安立邦制药有限公司
- 陕西龙成煤清洁高效利用有限公司
- 西安炬光科技股份有限公司
- 西安蓝晓科技新材料股份有限公司
- 西安可视可觉网络科技有限公司
- 西北大学
- 西安麦特沃金液控技术有限公司
- 西安石云交通设备有限公司
- 西安蒲阳科技发展有限公司
- 西安固能新材料科技有限公司

图 3-7　2019 年陕西公开的韩国专利的主要申请主体

2. IPC 分类数据

2019 年，陕西取得的韩国公开专利的技术领域主要分布在 H04（电通信技术）、A61（医学）和 C07（有机化学）等几大类，分别为 14 件、9 件和 5 件。具体的技术领域方向中，H04W（无线通信网络）的专利最多，为 6 件（表 3-11），主要是西安西电捷通无线网络通信股份有限公司和西安中兴新软件有限责任公司的贡献。

表 3-11　2019 年陕西公开的韩国专利的主要 IPC 分类

序号	IPC 分类	释义	专利数量 / 件	百分比
1	H04W	无线通信网络	6	24.00%
2	A61K	医用、牙科用或梳妆用的配制品	5	20.00%
3	H04L	数字信息的传输，如电报通信	4	16.00%
4	C07C	无环或碳环化合物	3	12.00%
5	H04B	传输	2	8.00%
6	A62C	消防（灭火组合物）	2	8.00%
7	C07K	肽	2	8.00%
8	H04J	多路复用通信	2	8.00%
9	A61P	化合物或药物制剂的特定治疗活性	2	8.00%

（本章撰写：周立秋、李　娟、钱　虹、龚　娟）

第四章

陕西主要技术领域专利数据 ①

一、航空航天

1.国内专利数据

（1）总量数据

截至 2019 年年底，陕西在航天航空技术领域的国内发明专利累计公开量为 16 155 件，居全国第 3 位，约为北京的 2/5；2019 年当年陕西发明专利公开量为 5115 件，居全国第 3 位，约为北京的 1/2，与江苏仅相差 9 件（图 4-1）。陕西在该技术领域的发明专利累计授权量为 6392 件，在全国排名第二；2019 年当年授权量为 1293 件，约为北京的 1/3（图 4-2）。

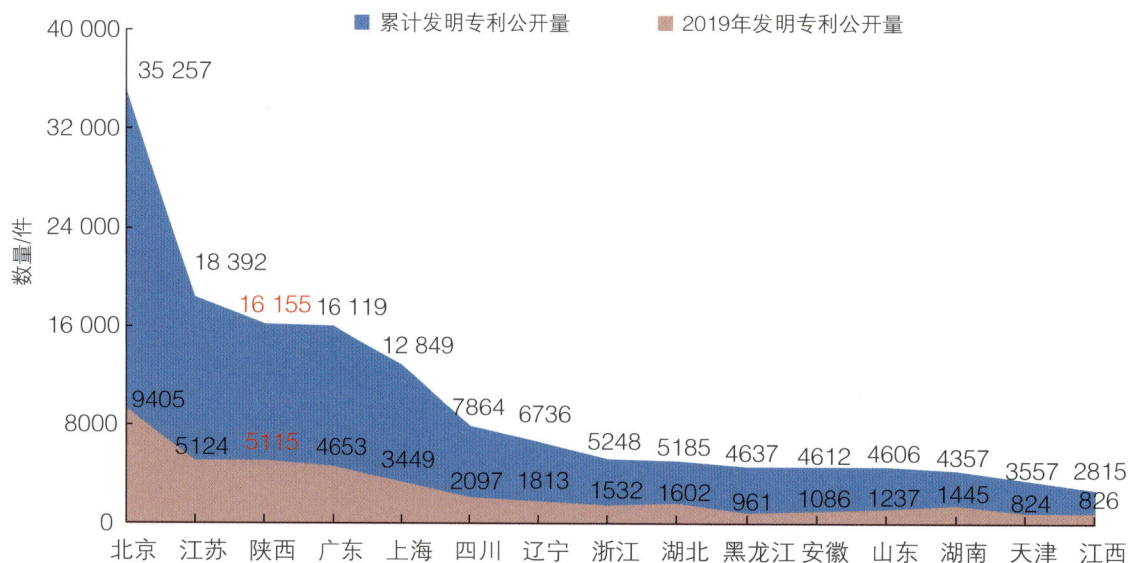

图 4-1　航空航天技术领域部分省（区、市）的国内发明专利公开量数据

---

① 各个技术领域的检索式在上一年度检索策略的基础上进行了优化。在考虑标题摘要权利要求字段和 IPC 分类字段组合使用的同时，增加了技术领域字段，并采用更加科学的方法进行了数据清洗，故本年数据与上年数据不完全契合。

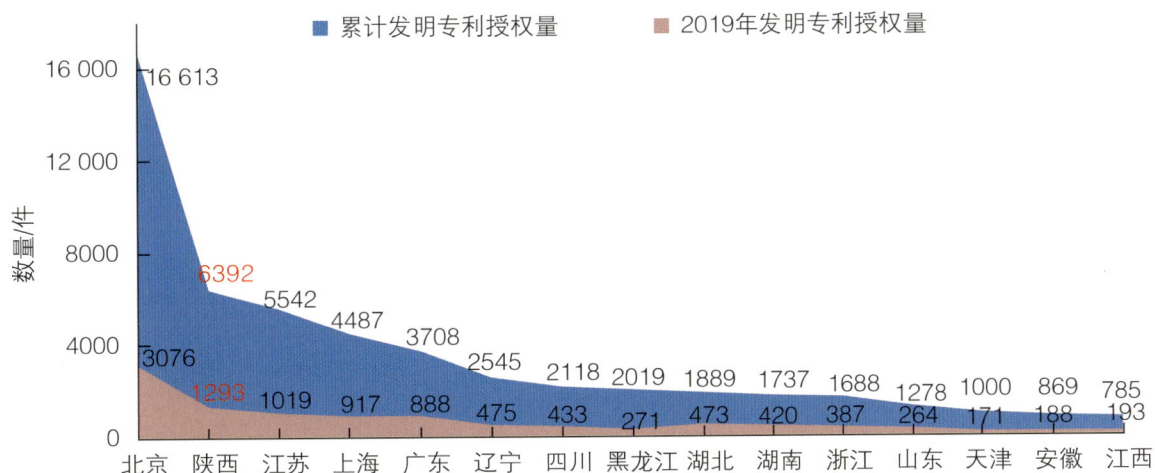

图 4-2 航空航天技术领域部分省（区、市）的国内发明专利授权量数据

（2）申请主体数据

截至 2019 年年底，陕西在航空航天领域的国内授权发明专利申请机构中，TOP 10 机构的发明专利授权量占陕西该领域发明专利授权总量的 69.7%。其中，西北工业大学专利数量远大于其余机构，居 TOP 10 机构第 1 位；除此之外，以中航集团所属研究所或分公司为主力军，占据了申请机构 TOP 10 中的 7 家，占据了非高校申请机构 TOP 10 的 9 家。民营企业中西安费斯达自动化工程有限公司表现突出，进入陕西航空航天领域授权发明专利非高校申请机构 TOP 10（图 4-3 和图 4-4）。

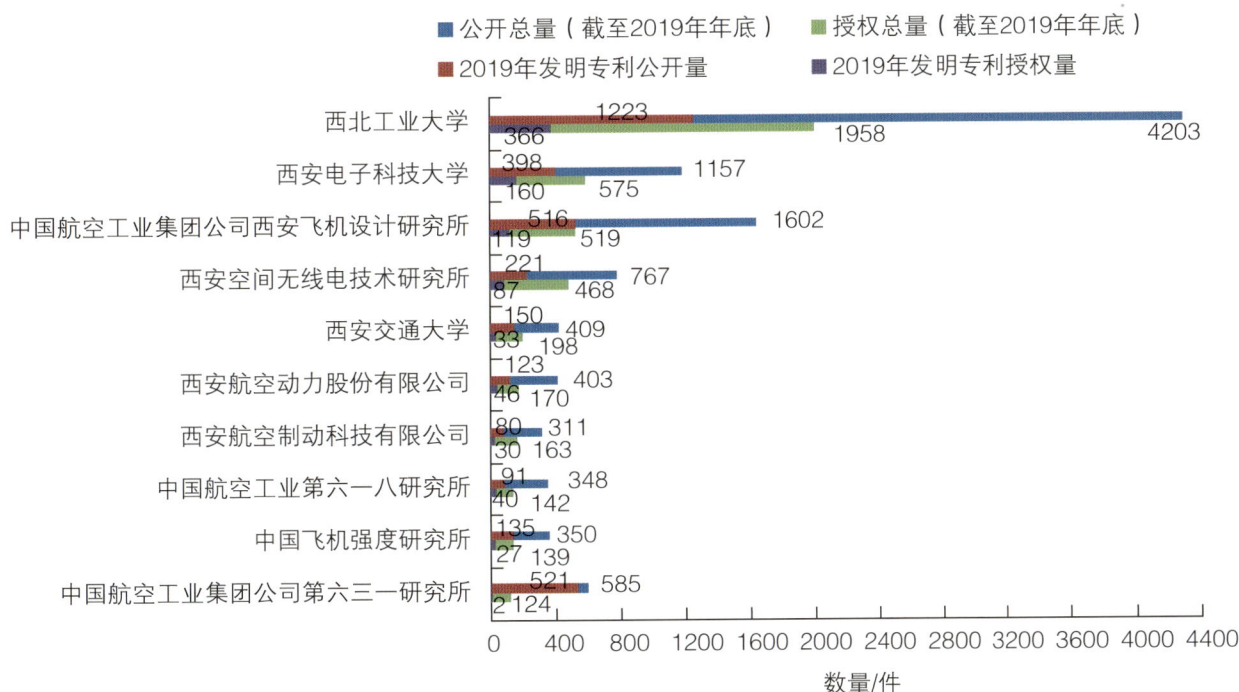

图 4-3 陕西航空航天技术领域发明专利申请机构 TOP 10

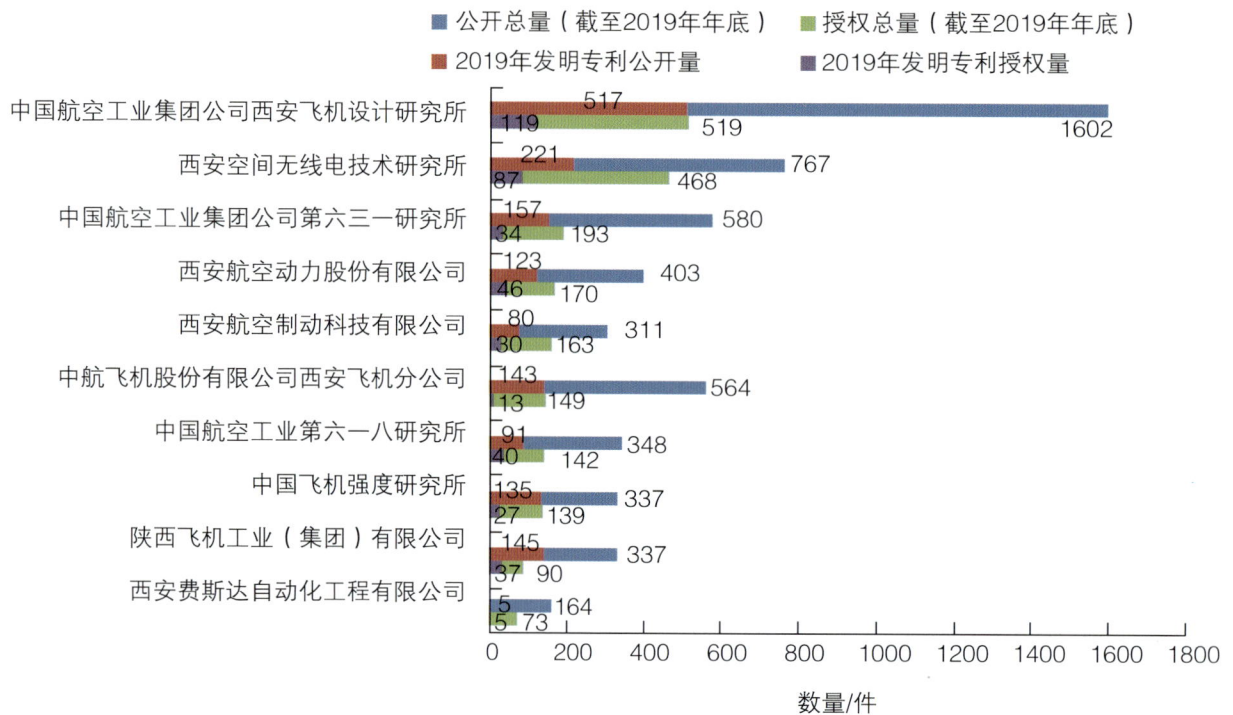

图例：
- 公开总量（截至2019年年底）
- 授权总量（截至2019年年底）
- 2019年发明专利公开量
- 2019年发明专利授权量

图 4-4　陕西航空航天技术领域发明专利非高校申请机构 TOP 10

（3）优势技术方向

按 IPC 分类，截至 2019 年年底，陕西在航空航天领域国内授权发明专利主要集中在电数字数据处理和通信导航方面。特别是西北工业大学在电数字数据处理、飞机制造、测试、控制或调节系统等 7 个方面均进入全国 TOP 5 机构；西安电子科技大学则在通信导航、天线、数字信息传输 3 个方面进入全国 TOP 5 机构；西安空间无线电技术研究所在天线和数字信息的传输方面表现突出。

陕西在航空航天领域的授权发明专利申请机构基本上被省内几所高校、研究机构和大型国企垄断；仅民营企业西安费斯达自动化工程有限公司在飞行测量、控制或调节方面表现比较突出（表 4-1）。

表 4-1 陕西航空航天技术领域授权发明专利 IPC 分类 TOP 10

IPC 技术分类	全国（截至 2019 年年底）		陕西（截至 2019 年年底）		
	授权量 / 件	申请主体 TOP 5	授权量 / 件	占全国比重	申请主体 TOP 5
G06F（电数字数据处理）	5612	北京航空航天大学（582） 西北工业大学（272） 南京航空航天大学（221） 中国运载火箭技术研究院（149） 北京空间飞行器总体设计部（112）	668	11.90%	西北工业大学（271） 中国航空工业集团公司西安飞机设计研究所（82） 中国航空工业集团公司第六三一研究所（81） 西安电子科技大学（50） 西安空间无线电技术研究所（31）
G01S（无线电、导航；采用无线电波测距或测速）	5915	北京航空航天大学（470） 西安电子科技大学（223） 电子科技大学（137） 高通股份有限公司（132） 中国科学院电子学研究所（113）	552	9.33%	西安电子科技大学（219） 西北工业大学（100） 西安空间无线电技术研究所（87） 西安中电科西电科大雷达技术协同创新研究院有限公司（17） 中国科学院国家授时中心（16）
B64C（飞机；直升机）	5500	空中客车（727） 波音公司（264） 北京航空航天大学（201） 西北工业大学（121） 南京航空航天大学（100）	360	6.55%	西北工业大学（121） 中国航空工业集团公司西安飞机设计研究所（80） 西安航空制动科技有限公司（56） 陕西飞机工业（集团）有限公司（19） 西安交通大学（15）
G01M（机器或结构部件的静或动平衡的测试）	2541	北京航空航天大学（241） 中国航天空气动力技术研究院（131） 南京航空航天大学（107） 西北工业大学（101） 北京卫星环境工程研究所（97）	354	13.90%	西北工业大学（101） 中国航空工业集团公司西安飞机设计研究所（62） 中国飞机强度研究所（40） 西安航空制动科技有限公司（21） 西安航天动力试验技术研究所（20）

续表

IPC 技术分类	全国（截至 2019 年年底）		陕西（截至 2019 年年底）		
	授权量 / 件	申请主体 TOP 5	授权量 / 件	占全国比重	申请主体 TOP 5
G01C（测量距离、水准或者方位；勘测；导航；陀螺仪；摄影测量学或视频测量学）	6729	北京航空航天大学（564） 北京控制工程研究所（170） 哈尔滨工程大学（118） 三菱电机株式会社（113） 南京航空航天大学（111）	329	4.89%	西北工业大学（93） 西安电子科技大学（41） 中国航空工业第六一八研究所（38） 西安费斯达自动化工程有限公司（15） 中国科学院西安光学精密机械研究所（12）
G05B（一般的控制或调节系统及其功能单元）	2272	北京航空航天大学（245） 南京航空航天大学（171） 西北工业大学（129） 中国运载火箭技术研究院（81） 哈尔滨工业大学（68）	287	12.60%	西北工业大学（129） 西安费斯达自动化工程有限公司（35） 中国航空工业集团公司西安飞机设计研究所（32） 中国航空工业第六一八研究所（13） 西安航空制动科技有限公司（13） 西安电子科技大学（6）
H01Q（天线）	1551	光启集团（134） 西安空间无线电技术研究所（69） 西安电子科技大学（60） 中国电子科技集团公司第五十四研究所（53） 北京航空航天大学（46）	213	13.70%	西安空间无线电技术研究所（71） 西安电子科技大学（59） 西北工业大学（28） 中国电子科技集团公司第三十九研究所（5） 中国人民解放军火箭军工程大学（4）
H04L（数字信息的传输）	2366	北京航空航天大学（179） 西安空间无线电技术研究所（59） 中国电子科技集团公司第五十四研究所（48） 西安电子科技大学（43） 清华大学（39）	213	9.00%	西安空间无线电技术研究所（59） 西安电子科技大学（42） 中国航空工业集团公司第六三一研究所（57） 西北工业大学（25） 中国航天科技集团公司第九研究院第七七一研究所（6）

续表

IPC 技术分类	全国（截至 2019 年年底）		陕西（截至 2019 年年底）		
	授权量 / 件	申请主体 TOP 5	授权量 / 件	占全国比重	申请主体 TOP 5
G01N（借助于测定材料的化学或物理性质来测试或分析材料）	2046	北京航空航天大学（167） 南京航空航天大学（110） 西北工业大学（91） 中国航空工业集团公司 北京航空材料研究院（49） 哈尔滨工业大学（42）	207	10.10%	西北工业大学（90） 中国飞机强度研究所（29） 西安近代化学研究所（23） 西安交通大学（12） 中国航空工业集团公司西安飞机设计研究所（8）
G05D（非电变量的控制或调节系统）	2755	北京航空航天大学（256） 南京航空航天大学（96） 西北工业大学（93） 北京控制工程研究所（87） 哈尔滨工业大学（74）	193	7.01%	西北工业大学（93） 中国航空工业第六一八研究所（16） 中国航空工业集团公司西安飞机设计研究所（15） 西安电子科技大学（8） 西安应用光学研究所（7） 西安费斯达自动化工程有限公司（7）

2. 国外专利数据

2019 年，陕西在航空航天技术领域申请的国外专利公开量共计 6 件。其中，PCT 国际专利 2 件、欧洲专利 2 件，美国专利和韩国专利各 1 件（表 4-2）。

表 4-2　2019 年陕西航空航天技术领域申请的国外专利公开数据

序号	专利名称	申请主体	主分类号	同族专利数 / 件
1	Interpropeller blade pitch control device for coaxial double-propeller helicopter, has inter-propeller blade pitch control unit located between upper and lower propeller hubs and in middle of central axle between upper and lower hubs	庆安集团公司	B64C	15
2	Distributed propulsion system has high efficiency working fluid transmission device with output end communicated with input end of distributed propeller, and six distributed propellers mounted on both sides of turbine engine core	西北工业大学	B64G	4

续表

序号	专利名称	申请主体	主分类号	同族专利数/件
3	Interference sprigging integrated device, has main body provided with station conversion module, which is used to drive driving mechanism to rotate to achieve first position of working position of second station	西北工业大学	B23B	3
4	Bi-stable piezoelectric steering engine control mechanism, has cantilever beam mounted with rear part of first stiffening device, and pressure spring for generating acting force on cantilever beam through bearing block	西安交通大学	H01L	4
5	Method for controlling flight of unmanned airplane, involves executing subsequent flight operation in case of receiving success notification, and stopping flight operation in case of receiving failure notification from base station	西安中兴新软件有限责任公司	G05D	2
6	Use of perovskite compound as energetic materials in gas generating agent for explosives, propellants, rocket fuel or airbags	西安固能新材料科技有限公司	C06B	20

申请主体中，西北工业大学（2件）申请的专利分别涉及具有高效的工作流体传输装置的一种分布式推进系统和一种制孔干涉插钉一体化装置及方法；庆安集团公司（1件）申请的专利涉及用于同轴双螺旋桨直升机的螺旋桨间桨距控制装置，专利族成员15件，主要在澳大利亚、美国、日本、欧洲、韩国和印度等国家和地区公开，2019年当年在韩国公开；西安固能新材料科技有限公司（1件）申请的专利涉及钙钛矿化合物在推进剂、火箭燃料中作为高能材料的用途，专利族成员20件，澳大利亚、韩国、中国台湾地区各3件，欧洲2件，美国、俄罗斯、英国、加拿大、日本、印度等地均为1件，2019年当年在韩国公开；西安中兴新软件有限责任公司和西安交通大学（各1件）申请的专利分别涉及控制无人飞机飞行的方法和双稳态压电转向发动机控制机构，2019年当年为PCT国际专利公开和在美国公开。

二、图像处理

1. 国内专利数据

（1）总量数据

截至2019年年底，陕西在图像处理技术领域的国内发明专利累计公开量为8591件，位居全国第六，约为北京的1/4；2019年当年陕西发明专利公开量为2546件，位居全国第六，不足广东的1/5（图4-5）。陕西在该技术领域的发明专利累计授权量为3592件；2019年当年授权量为733件，约为北京的1/3（图4-6）。

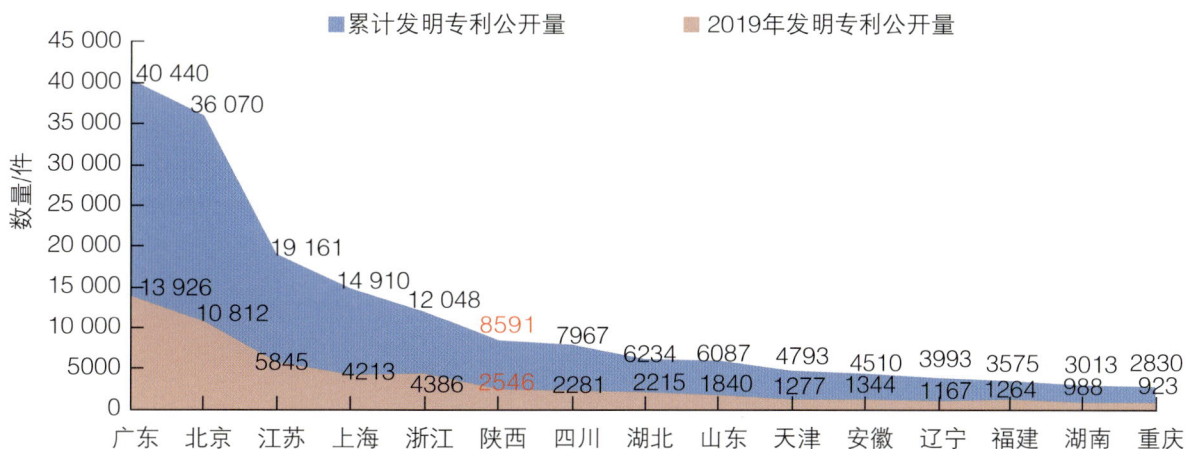

图 4-5　图像处理技术领域部分省（区、市）的国内发明专利公开量数据

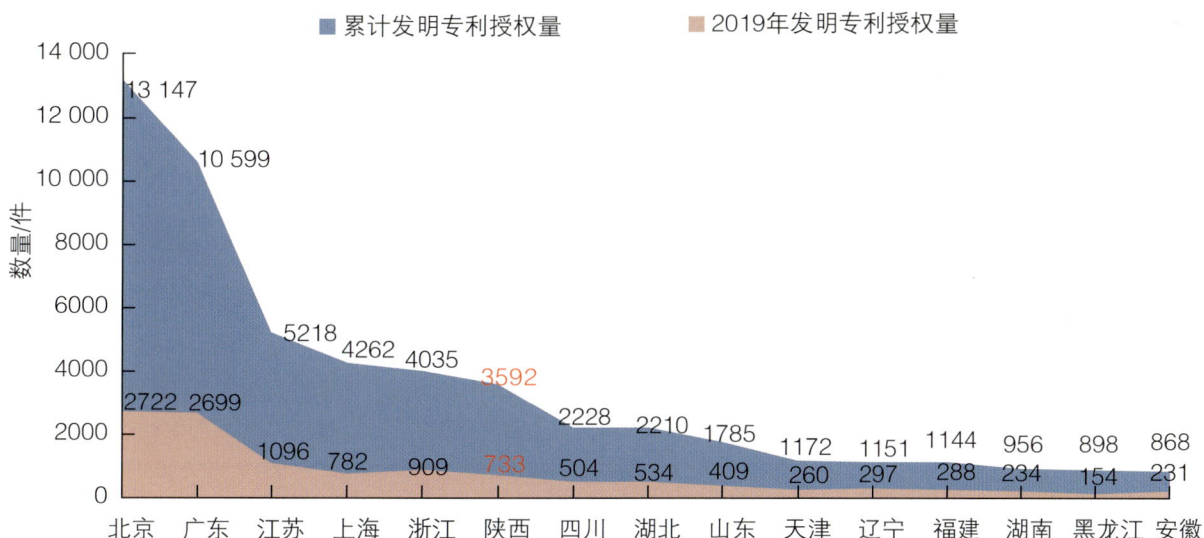

图 4-6　图像处理技术领域部分省（区、市）的国内发明专利授权量数据

（2）申请主体数据

截至 2019 年年底，陕西在图像处理技术领域的国内发明专利授权和公开量以高校占据绝对优势，申请主体 TOP 10 中有 8 家高校，特别是西安电子科技大学在该技术领域的国内发明专利量遥遥领先，显示了在省内的领军地位（图 4-7）。

陕西企业在该技术领域的国内发明专利表现远不如省内高校，但是进入 TOP 10 的企业申请主体中，以民营企业居多，说明陕西有一些中小型民营企业在图像处理技术领域具备一定的研究实力。值得一提的是，西安万像电子科技有限公司在 2019 年当年表现突出，授权量为 28 件，进入陕西图像处理技术领域当年发明专利授权量非高校申请机构 TOP 10，当年在陕西企业中排名第一（图 4-8）。

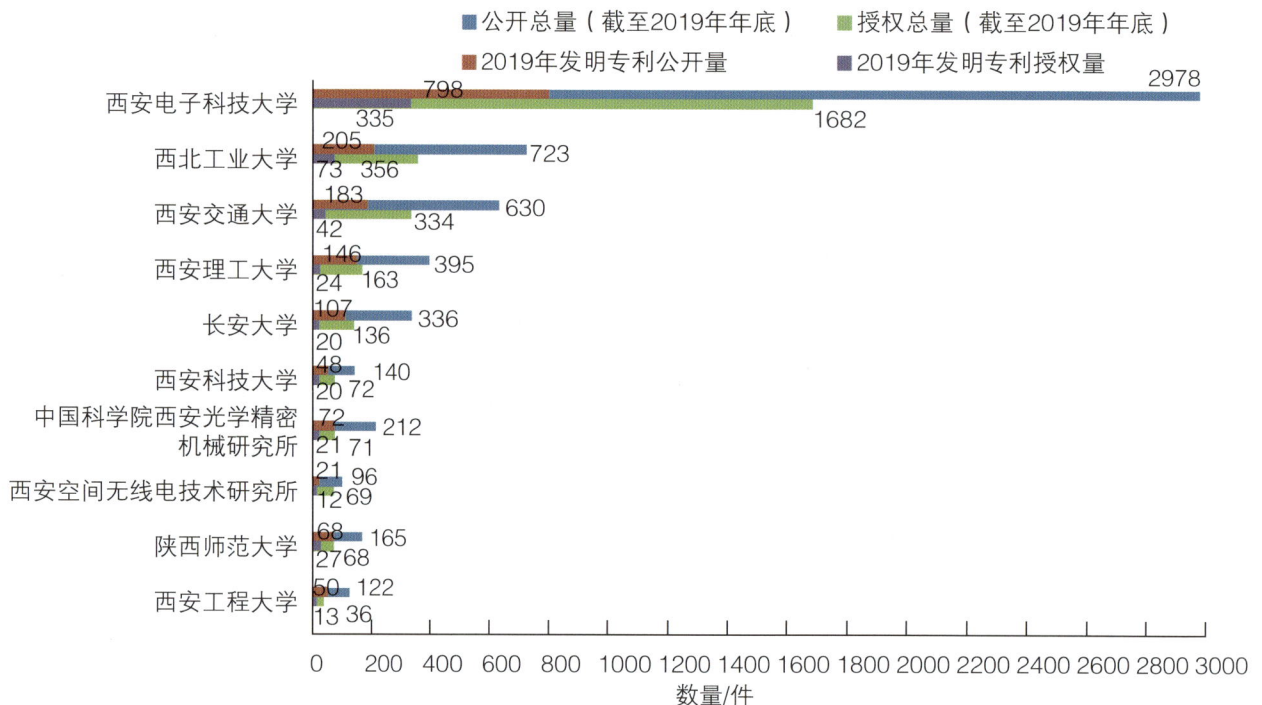

图 4-7　陕西图像处理技术领域国内发明专利申请机构 TOP 10

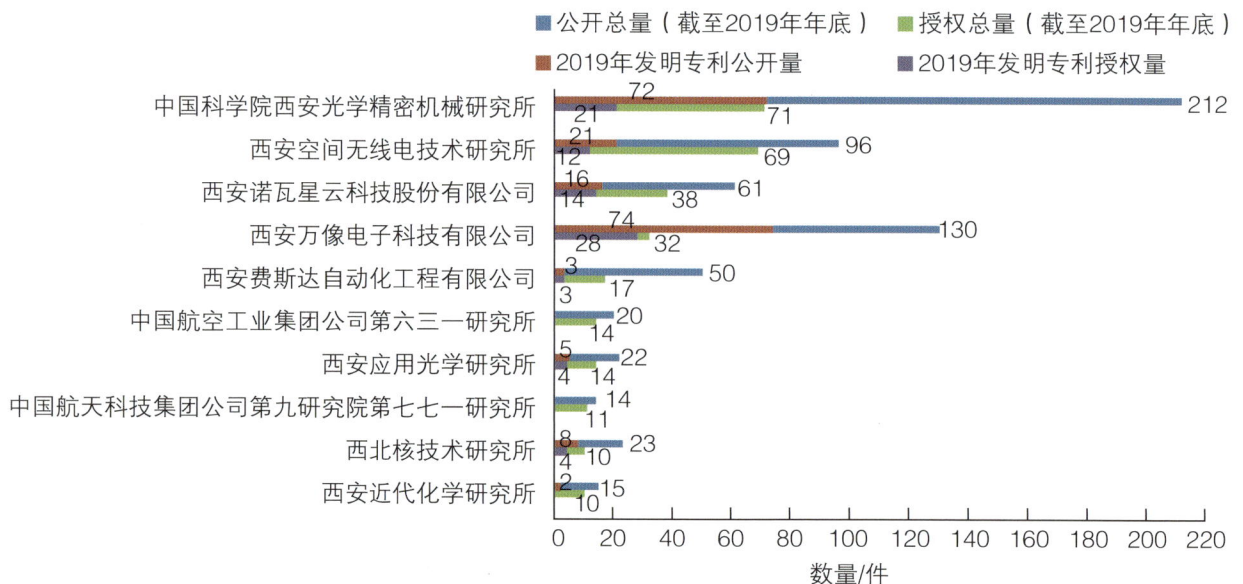

图 4-8　陕西图像处理技术领域国内发明专利非高校申请机构 TOP 10

注：图中没有相应条形显示，说明该指标对应数据为 0。后面此类图均同，不再赘述。

（3）优势技术方向

按 IPC 分类，截至 2019 年年底，陕西在图像处理技术领域国内授权发明专利主要集中在图像数据处理、数据识别和图像通信方向；特别是西安电子科技大学在 G06T（一般图像数据处理或产生）、G06K（数据识别）、G01S（无线电导航）和 G06N（基于特定计算模型的计算机系统）等 4 个技术方向上，处于全国领先地位[①]。从整体上看，陕西在 G01S（无线电导航、测量）和 G06N（基于特定计算模型的计算机系统）2 个技术方向的授权发明专利在全国的占比分别为 10.79% 和 11.53%，具有一定优势，主要是西安电子科技大学的突出贡献。

陕西在图像处理技术领域国内授权发明专利的申请主体基本上被省内几所主要高校垄断。仅有西安万像电子科技有限公司一家民营企业在 H04N（图像通信）方向上进入申请机构 TOP 5 之列；西安中电科西电科大雷达技术协同创新研究有限公司在 G01S（无线电、导航；采用无线电波测距或测速）方向上进入申请机构 TOP 5 之列；西安费斯达自动化工程有限公司、西安诺瓦电子科技有限公司在 G06F（分析材料电数字数据处理）方向上进入申请机构 TOP 5 之列（表 4-3）。

表 4-3 陕西图像处理技术领域授权发明专利 IPC 分类 TOP 10

IPC 技术分类	全国（截至 2019 年年底）		陕西（截至 2019 年年底）		
	授权量/件	申请主体 TOP 5	授权量/件	占全国比重	申请主体 TOP 5
G06T（一般的图像数据处理或产生）	27 146	西安电子科技大学（895） 索尼公司（780） 皇家飞利浦公司（687） 佳能株式会社（495） 松下株式会社（482）	1674	6.17%	西安电子科技大学（895） 西北工业大学（214） 西安交通大学（117） 西安理工大学（82） 长安大学（66）
G06K（数据识别）	16 843	西安电子科技大学（555） 佳能株式会社（303） 中国科学院自动化研究所（237） 索尼公司（236） 电子科技大学（222）	935	5.51%	西安电子科技大学（555） 西北工业大学（84） 西安交通大学（62） 西安理工大学（55） 长安大学（45）

---

① 机构统计时，未合并大的机构在各地的分支机构，如中国科学院按照其下设各个研究机构独立统计计算。本报告中其余领域申请人分析时均遵循此规则，下文中不再赘述。

IPC 技术分类	全国（截至 2019 年年底）		陕西（截至 2019 年年底）		
	授权量 / 件	申请主体 TOP 5	授权量 / 件	占全国比重	申请主体 TOP 5
H04N（图像通信）	42 878	索尼公司（3242） 佳能株式会社（2888） 三星电子株式会社（1950） 松下株式会社（1639） 富士胶片（1409）	556	1.30%	西安电子科技大学（193） 西安交通大学（61） 西安空间无线电技术研究所（47） 西安理工大学（33） 西安万像电子科技有限公司（30）
G01S（无线电、导航；采用无线电波测距或测速）	2039	西安电子科技大学（170） 中国科学院电子学研究所（104） 北京航空航天大学（71） 电子科技大学（62） 皇家飞利浦公司（57）	220	10.79%	西安电子科技大学（170） 西安空间无线电技术研究所（9） 西北工业大学（6） 西安交通大学（5） 西安中电科西电科大雷达技术协同创新研究有限公司（4）
G06F（分析材料电数字数据处理）	14 760	佳能株式会社（769） 索尼公司（720） 富士胶片（487） 三星电子株式会社（434） 联想（北京）有限公司（370）	217	1.47%	西安电子科技大学（89） 西安交通大学（28） 西北工业大学（22） 长安大学（7） 西安费斯达自动化工程有限公司、西安诺瓦电子科技有限公司等（4）
G01N（借助于测定材料的化学或物理性质来测试或分析材料）	5546	清华大学（139） 浙江大学（131） 江苏大学（74） 同方威视技术股份有限公司（66） 西安交通大学、重庆大学（48）	181	3.26%	西安交通大学（48） 长安大学（23） 西北工业大学（19） 西安科技大学（16） 陕西科技大学、西北农林科技大学、西安电子科技大学（8）
G01B（长度、厚度或类似线性尺寸的计量）	3418	北京航空航天大学（60） 清华大学（52） 天津大学（47） 哈尔滨工业大学（45） 浙江大学（44）	142	4.15%	西安交通大学（32） 西北工业大学（14） 长安大学（12） 西安电子科技大学（10） 陕西科技大学（9）

续表

IPC 技术分类	全国（截至 2019 年年底）		陕西（截至 2019 年年底）		
	授权量 / 件	申请主体 TOP 5	授权量 / 件	占全国比重	申请主体 TOP 5
A61B（诊断；外科）	6751	东芝公司（692） 皇家飞利浦公司（503） 奥林巴斯（474） 西门子公司（410） 株式会社日立公司（297）	104	1.54%	西安电子科技大学（31） 中国人民解放军空军军医大学（23） 西安交通大学（21） 西北工业大学（10） 西安理工大学、西安邮电大学（2）
G06N（基于特定计算模型的计算机系统）	876	西安电子科技大学（76） 电子科技大学（27） 北京工业大学（23） 北京航空航天大学（16） 清华大学（14）	101	11.53%	西安电子科技大学（76） 西北工业大学（7） 陕西师范大学（5） 西安理工大学（4） 西安交通大学（3）
G01C（测量距离、水准或者方位）	2043	北京航空航天大学（60） 北京控制工程研究所（40） 武汉大学（39） 清华大学（36） 爱信艾达株式会社（35）	84	4.11%	西北工业大学（12） 西安电子科技大学（11） 西安交通大学（9） 西安科技大学（7） 长安大学（5）

2. 国外专利数据

2019 年，陕西在图像处理技术领域申请的国外专利公开量合计有 18 件，比 2018 年增加了 9 件。其中，PCT 国际专利 10 件，美国专利 7 件，欧洲专利 1 件。

申请主体当中，西安中兴新软件有限责任公司的 11 件专利的同族专利中，6 件通过 PCT 国际专利申请，4 件通过美国专利申请，1 件通过欧洲专利申请，共计 DWPI 同族专利记录 42 条，主要分布在图像处理方法、设备和电数字数据处理（H04N、G06T、G06F）等技术方向；长安大学申请的 3 件专利分布在图像数据感知、自适应图像、图像云检测（G06T、G06K）技术方向；西安交通大学在图像深度感知设备方向申请 1 件美国专利；陕西伟景机器人科技有限公司在基于图像识别的餐厅自动结账方法方面申请 1 件 PCT 国际专利；西安诺瓦电子科技有限公司在像素校准方法方面申请 1 件美国专利；西安大医集团有限公司在图像处理领域的低剂量成像方法方面申请 1 件 PCT 国际专利（表 4-4）。

表 4-4　2019 年陕西图像处理技术领域申请的国外专利公开数据

序号	专利名称	申请主体	主分类号	同族专利数/件
1	Method，device and MCU for adjusting and controlling sub-picture in multiple pictures	西安中兴新软件有限责任公司	G06T	6
2	Information processing method，server and hotspot device	西安中兴新软件有限责任公司	H04W	5
3	Image processing method and device，and storage medium	西安中兴新软件有限责任公司	H04L	2
4	Image processing method and device	西安中兴新软件有限责任公司	G06T	2
5	Picture processing method and electronic device	西安中兴新软件有限责任公司	H04N	8
6	Method and device for capturing image and storage medium	西安中兴新软件有限责任公司	G01B	7
7	Image sending method and device for dual-screen terminal	西安中兴新软件有限责任公司	G06F	2
8	Input method and device，and electronic device	西安中兴新软件有限责任公司	G06F	2
9	Method for implementing application interaction and terminal	西安中兴新软件有限责任公司	G06F	2
10	Brightness processing method for display screen and terminal device	西安中兴新软件有限责任公司	G06F	2
11	Desktop sharing method and terminal	西安中兴新软件有限责任公司	G06G	4
12	Landsat 8 snow-containing image-based cloud detection method	长安大学	G06K	2
13	Dark channel based image defogging method for linear self-adaptive improvement of global atmospheric light	长安大学	G06T	2
14	System for perceiving and co-processing intelligent connected vehicle-oriented scene image data	长安大学	G06K	2
15	Three-dimensional depth perception apparatus and method	西安交通大学	H04N	4
16	Pixel-by-pixel calibration method	西安诺瓦电子科技有限公司	G00G	3
17	Image recognition based method for self-checkout in restaurant	陕西伟景机器人科技有限公司	G06Q	2
18	Low-dose imaging method and apparatus	西安大医集团有限公司	G06T	2

三、存储芯片

1. 国内专利数据

（1）总量数据

截至 2019 年年底，陕西在存储芯片技术领域的国内发明专利累计公开量为 931 件，位居全国第九，约是广东的 1/10；2019 年当年陕西发明专利公开量为 193 件，居全国第 11 位，约是广东的 1/9（图 4-9）。陕西在该技术领域的发明专利累计授权量为 376 件，在全国排名第 8 位，落后于北京、广东等地区；2019 年当年授权量为 55 件，约为广东的 1/8，全国排名第 7 位（图 4-10）。

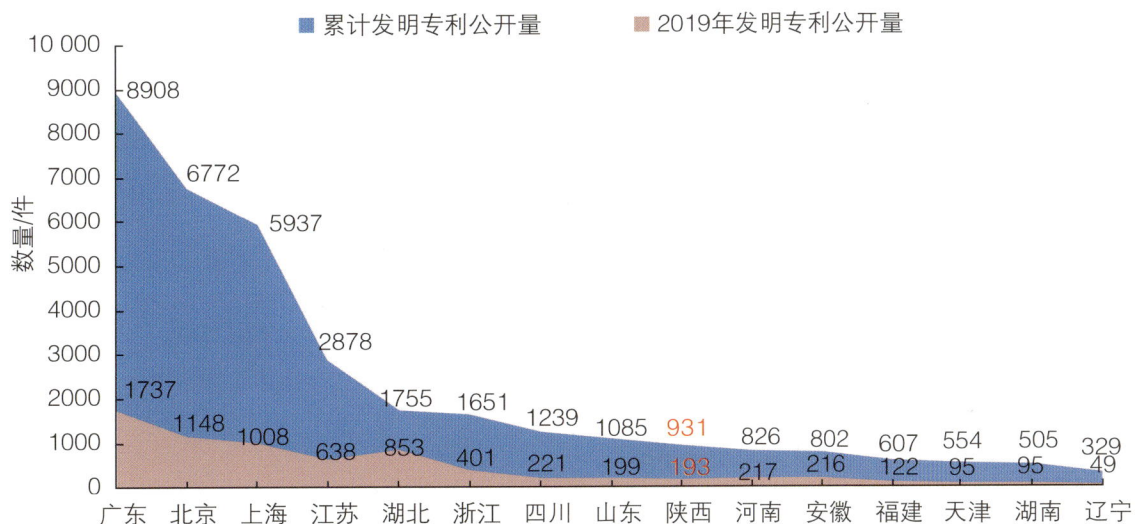

图 4-9　存储芯片技术领域部分省（区、市）的国内发明专利公开量数据

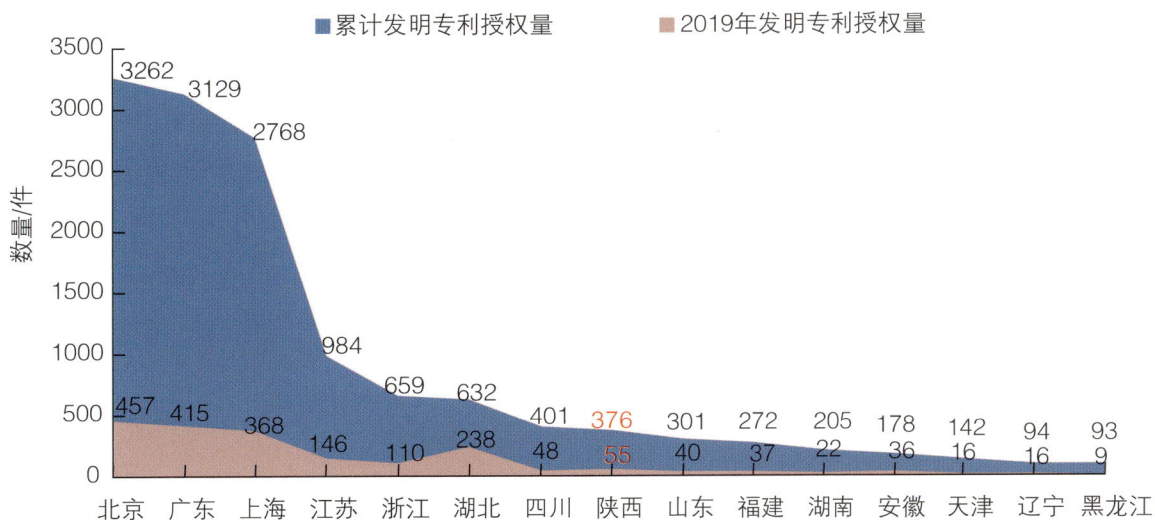

图 4-10　存储芯片技术领域部分省（区、市）的国内发明专利授权量数据

（2）申请主体数据

截至 2019 年年底，陕西在存储芯片技术领域的国内授权专利中，TOP 10 申请机构的发明专利授权量占陕西该领域发明专利授权总量的 82.44%。申请主体前 3 名分别是西安紫光国芯半导体有限公司、西安电子科技大学和西安交通大学。其中，西安紫光国芯半导体有限公司和西安电子科技大学在各项指标中均表现较为突出；西安交通大学除了 2019 年发明专利授权量略微逊色外，其余各项指标表现也相对较好。TOP 10 申请机构中有 3 家为民营企业，可见该领域企业的专利活动比较活跃，且研发能力较强（图 4-11）。

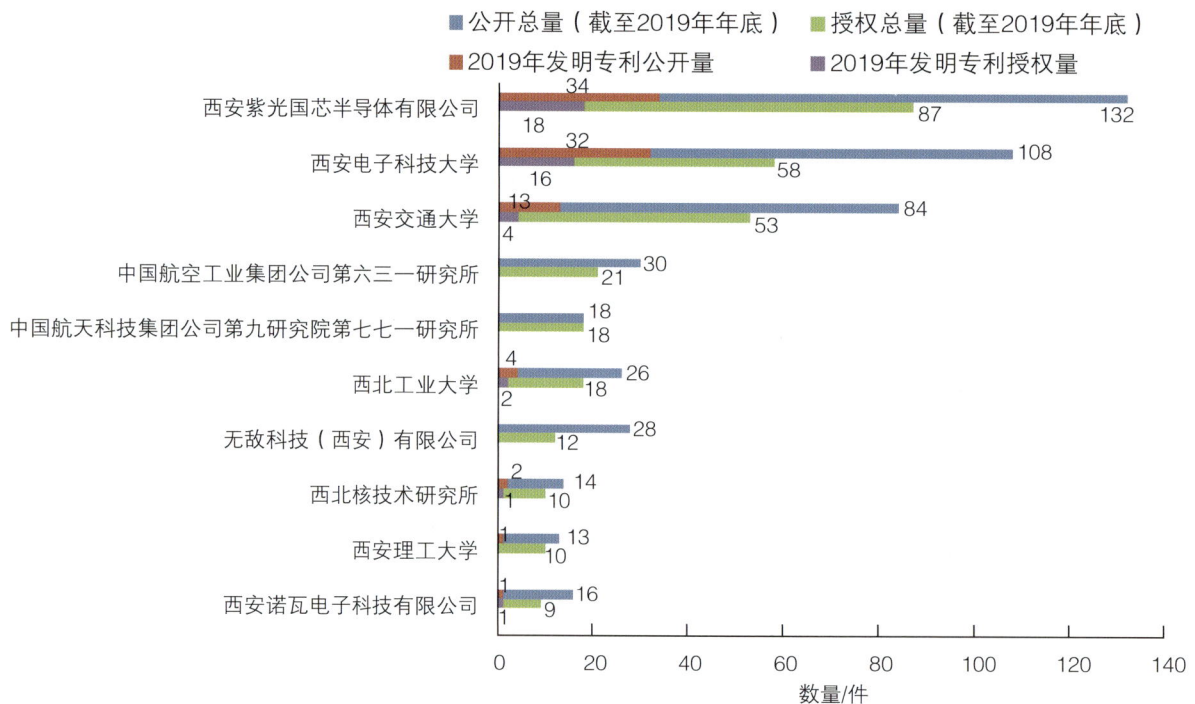

图 4-11　陕西存储芯片技术领域国内发明专利申请机构 TOP 10

（3）优势技术方向

按 IPC 分类，截至 2019 年年底，陕西在存储芯片技术领域的国内授权发明专利的 IPC 分类主要集中在 G06F（电数字数据处理）和 G11C（静态存储器）方面，占该领域陕西授权发明专利总量的 71.80%。国外公司在这两个方向的专利创新活动非常活跃，如三星电子株式会社和国际商业机器公司（IBM），而陕西机构均未进入全国 TOP 5，表现一般（表 4-5）。

表 4-5　陕西存储芯片技术领域授权发明专利 IPC 分类 TOP 10

IPC 技术分类	全国（截至 2019 年年底）		陕西（截至 2019 年年底）		
	授权量／件	申请主体 TOP 5	授权量／件	占全国比重	主要申请主体
G06F（电数字数据处理）	13 832	华为技术有限公司（643） 国际商业机器公司（IBM）（619） 英特尔公司（540） 三星电子株式会社（404） 群联电子股份有限公司（248）	156	1.13%	西安交通大学（33） 西安电子科技大学（30） 西北工业大学（12） 中国航空工业集团公司第六三一研究所（12） 无敌科技（西安）有限公司（10）
G11C（静态存储器）	11 600	三星电子株式会社（880） 海力士半导体有限公司（656） 旺宏电子股份有限公司（579） 株式会社东芝（422） 美光科技公司（298）	114	0.98%	西安紫光国芯半导体有限公司（65） 西安交通大学（10） 中国航天科技集团公司第九研究院第七七一研究所（8） 西安电子科技大学（7） 西北核技术研究所（5）
H04L（数字信息的传输）	3470	华为技术有限公司（337） 中兴通讯股份有限公司（258） 杭州华三通信技术有限公司（102） 国际商业机器公司（IBM）（87） 盛科网络（苏州）有限公司（75）	36	1.04%	中国航空工业集团公司第六三一研究所（11） 西安电子科技大学（5） 西安邮电大学（3） 西安交通大学、西北工业大学、中国航空业集团公司西安航空计算技术研究所、西安大唐电信有限公司（3）
H01L（半导体器件；其他类目中不包括的电固体器件）	8146	旺宏电子股份有限公司（671） 中芯国际集成电路制造（上海）有限公司（505） 三星电子株式会社（473） 株式会社东芝（332） 爱思开海力士有限公司（318）	16	0.20%	西安交通大学（7） 西安理工大学（5） 中国航天科技集团公司第九研究院第七七一研究所（2） 陕西科技大学（1） 西北大学（1）
G01R（测量电变量；测量磁变量）	799	上海华虹 NEC 电子有限公司（33） 三星电子株式会社（27） 因芬尼昂技术股份公司（23） 三菱电机株式会社（21） 东芝株式会社（19）	15	1.88%	西安紫光国芯半导体有限公司（4） 西北核技术研究所（2） 西安理工大学（2） 西安交通大学、西安建筑科技大学（1） 中国航天科技集团公司第九研究院第七七一研究所（1）

IPC 技术分类	全国（截至 2019 年年底）		陕西（截至 2019 年年底）		
	授权量/件	申请主体 TOP 5	授权量/件	占全国比重	主要申请主体
H03K（脉冲技术）	571	海力士半导体有限公司（32） 阿尔特拉公司（18） 国际商业机器公司（IBM）（13） 三星电子株式会社（12） 株式会社日立制作所、恩益禧电子股份有限公司（10）	12	2.10%	西安紫光国芯半导体有限公司（6） 西安电子科技大学（3） 中国科学院西安光学精密机械研究所（1） 西安启芯微电子有限公司（1） 陕西海泰电子有限责任公司（1）
G09G（对用静态方法显示可变信息的指示装置进行控制的装置或电路）	414	三星电子株式会社（28） 京东方科技集团股份有限公司（24） 索尼公司（17） LG 电子株式会社（17） 精工爱普生株式会社（13）	11	2.65%	西安诺瓦电子科技有限公司（7） 西北工业大学（1） 西安交通大学（1） 西安电子科技大学（1） 西安龙腾微电子科技发展有限公司（1）
H04N（图像通信）	985	索尼公司（79） 三星电子株式会社（51） 松下电器产业株式会社（50） 佳能株式会社（35） LG 电子株式会社（25）	10	1.02%	西安交通大学（4） 西安电子科技大学（5） 西安理工大学（4） 中国航天科技集团公司第九研究院第七七一研究所（1） 中国航空工业集团公司第六三一研究所（1）
H03M（一般编码、译码或代码转换）	252	三星电子株式会社（14） 索尼公司（11） 松下电器产业株式会社（9） 华为技术有限公司（8） 高通股份有限公司（8）	9	3.57%	西安电子科技大学（4） 西安紫光国芯半导体有限公司（2） 西安大唐电信有限公司（1） 三星电子（中国）研发中心（1） 西安龙腾微电子科技发展有限公司（1） 西安邮电大学（1）
H03L（电子振荡器或脉冲发生器的自动控制、起振、同步或稳定）	137	海力士半导体有限公司（13） 西安紫光国芯半导体有限公司（6） 三星电子株式会社（5） 联发科技股份有限公司（4） 国际商业机器公司、中兴通讯股份有限公司、高通股份有限公司、华为技术有限公司、群联电子股份有限公司（3）	9	6.57%	西安紫光国芯半导体有限公司（6） 西安电子科技大学（2） 西安理工大学（1）

2. 国外专利数据

2019 年，陕西在存储芯片技术领域申请的国外专利公开量合计仅有 6 件。其中，PCT国际专利公开量 4 件，美国专利公开量 2 件。

2019 年公开专利的申请主体当中，华天科技（西安）有限公司表现突出，共申请 3 件专利的同族专利中，3 件通过 PCT 国际专利申请，共计 DWPI 同族专利记录 5 条，主要集中分布在指纹识别芯片的结构及封装（G06K、H01L）等技术方向；西安艾润物联网技术服务有限责任公司在二维码扫码和可读存储介质上申请 1 件 PCT 国际专利；西安紫光国芯半导体有限公司在 RRAM 存储子阵列结构方面申请 1 件美国专利；西安中兴新软件有限责任公司在通知授权更新方面申请 1 件美国专利（表 4-6 ）。

表 4-6　2019 年陕西存储芯片技术领域申请的国外专利公开数据

序号	专利名称	申请主体	主分类号	同族专利数 /件
1	Three-dimensional chip stacking chip size packaging structure and manufacturing method therefor	华天科技（西安）有限公司	H01L	1
2	Packaging structure of fingerprint recognition chip having through-silicon via and packaging method thereof	华天科技（西安）有限公司	H01L	2
3	Packaging structure of fingerprint recognition chip and packaging method thereof	华天科技（西安）有限公司	G06K	2
4	3D QR code scanning method and device and computer readable storage medium	西安艾润物联网技术服务有限责任公司	G06K	1
5	Rram subarray structure proving an adaptive read reference current	西安紫光国芯半导体有限公司	G11C	3
6	Methods and devices for notifying authorization update	西安中兴新软件有限责任公司	H04W	4

四、量子通信

1. 国内专利数据

（1）总量数据

截至 2019 年年底，陕西在量子通信技术领域的国内发明专利累计公开量为 179 件，位居全国第八，不足北京的 1/3；2019 年当年陕西的发明专利公开量为 64 件，位居全国第八，

不足北京的1/3（图4-12）。陕西在该技术领域的发明专利累计授权量为76件，位居全国第七；2019年当年授权量为17件，在全国排名第七（图4-13）。

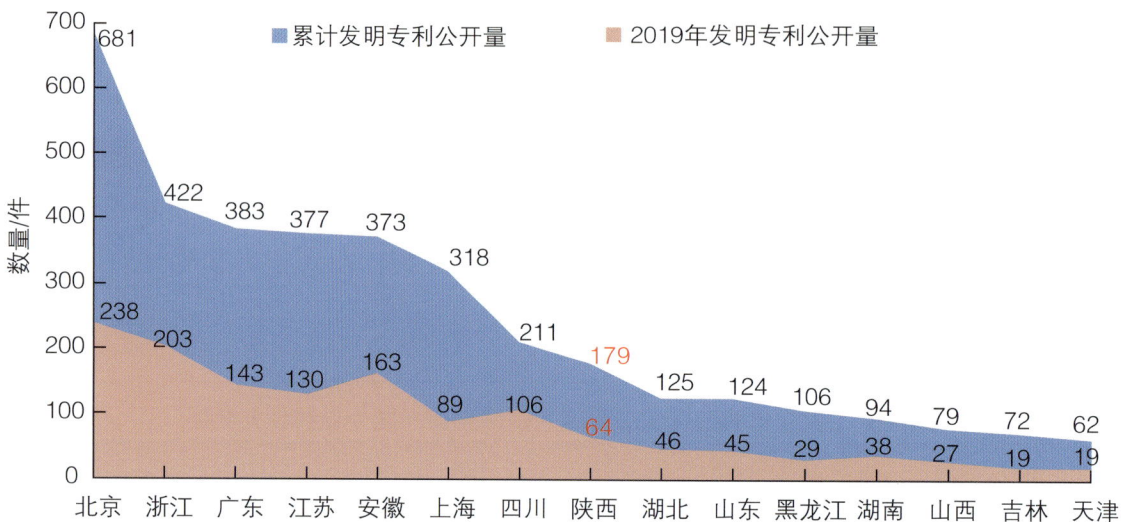

图 4-12　量子通信技术领域部分省（区、市）的国内发明专利公开量数据

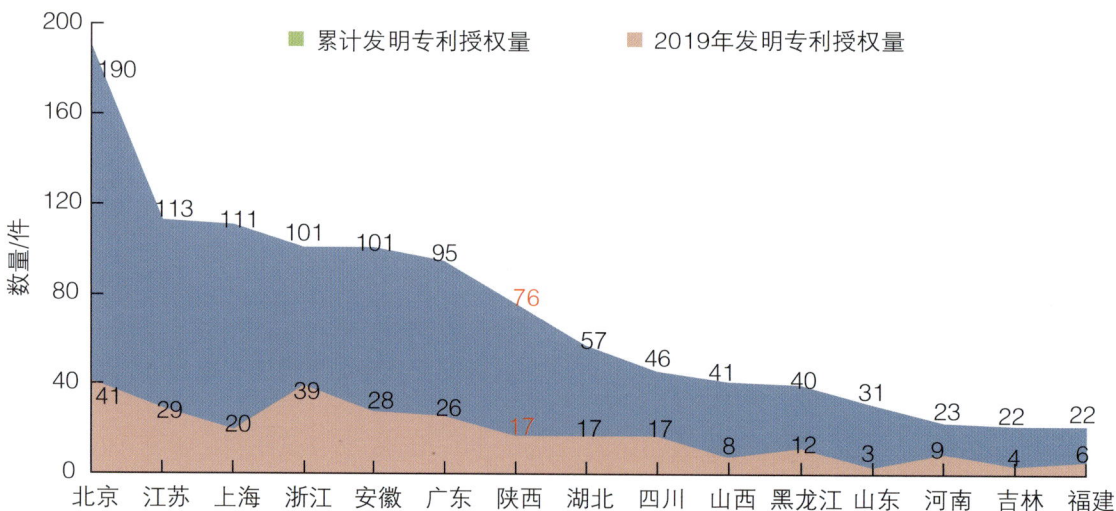

图 4-13　量子通信技术领域部分省（区、市）的国内发明专利授权量数据

（2）申请主体数据

截至2019年年底，陕西在量子通信技术领域的国内发明专利累计公开和授权量的主要贡献者为高校，其中西安电子科技大学在该技术领域的发明专利数量在国内居领先地位；TOP 10机构中仅有1家科研院所，没有企业出现（图4-14）。

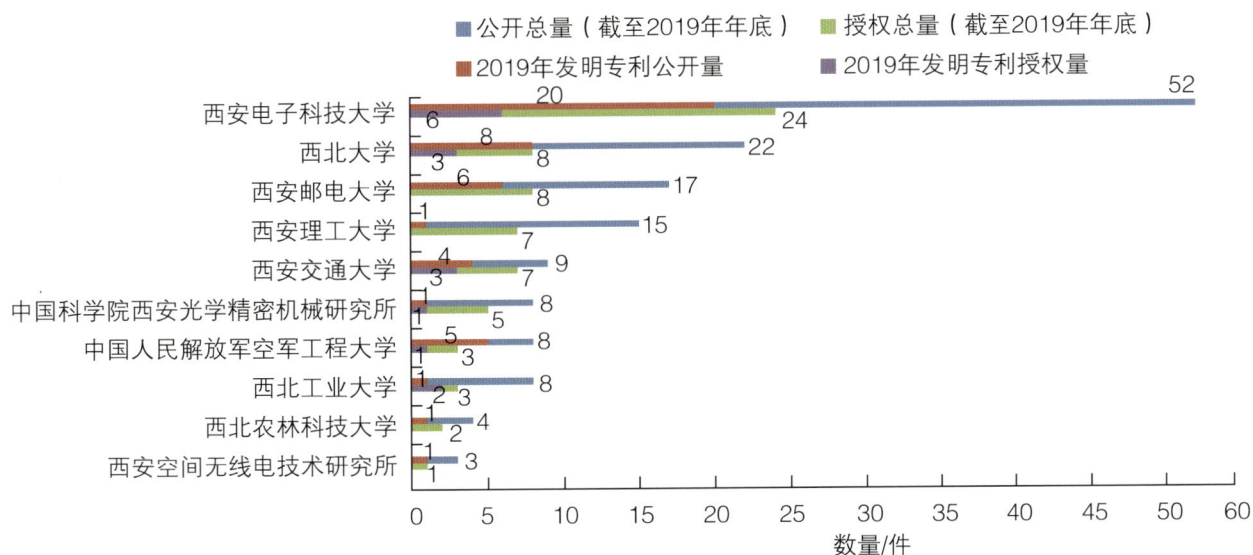

图 4-14　陕西量子通信技术领域国内发明专利申请机构 TOP 10

（3）优势技术方向

按 IPC 分类，截至 2019 年年底，陕西在量子通信技术领域的国内授权发明专利主要集中在数字信息传输方面。西安电子科技大学在量子通信技术领域的 G06N（基于特定计算模型的计算机系统）、G01S（无线电定向、导航、测距或测速等）方面表现突出，其中在 G01S 技术领域的发明专利授权量居全国机构排名的首位。由于西安电子科技大学的突出贡献，陕西在以上两个技术方向表现出一定的技术优势，授权发明专利在全国的占比分别为 11.58% 和 23.33%（表 4-7）。

表 4-7　陕西量子通信技术领域授权发明专利 IPC 分类 TOP 10

IPC 技术分类	全国（截至 2019 年年底）		陕西（截至 2019 年年底）		
	授权量 / 件	主要申请主体	授权量 / 件	占全国比重	主要申请主体
H04L（数字信息的传输）	528	科大国盾量子技术股份有限公司（21） 浙江工商大学（21） 浙江神州量子网络科技有限公司（20） 北京邮电大学（20） 华南师范大学（20） 山东量子科学技术研究院有限公司（17）	31	5.87%	西安电子科技大学（9） 西安理工大学（6） 西安邮电大学（6） 西北大学（4）

IPC 技术分类	全国（截至 2019 年年底）		陕西（截至 2019 年年底）		
	授权量/件	主要申请主体	授权量/件	占全国比重	主要申请主体
G06N（基于特定计算模型的计算机系统）	95	D 波系统公司（8） 西安电子科技大学（7） 微软技术许可有限责任公司（6） 惠普开发有限公司（5） 南京邮电大学（3） 哈尔滨工程大学（3） 国际商业机器公司（3）	11	11.58%	西安电子科技大学（7） 西北大学（1）
H04B（传输）	226	中国科学技术大学（11） 华东师范大学（10） 华南师范大学（9） 诺基亚技术有限公司（9） 中国科学院上海技术物理研究所（8） 东南大学（6） 哈尔滨工程大学（6） 北京邮电大学（6）	10	4.42%	西北大学（3） 西安邮电大学（2） 西安电子科技大学（2） 中国人民解放军空军工程大学（1） 交叉信息核心技术研究院（西安）有限公司（1） 西安空间无线电技术研究所（1）
G01S（无线电定向、导航、测距或测速等）	30	西安电子科技大学（3） 中国科学技术大学（2） （注：其余机构均为 1 件）	7	23.33%	西安电子科技大学（3） 中国科学院西安光学精密机械研究所（2） 中国人民解放军空军工程大学（1）
H04N（图像通信）	114	松下电器产业株式会社（11） 株式会社日立制作所（9） 索尼株式会社（6） 夏普株式会社（5） 西安电子科技大学（3） 北京工业大学（3） 日本电信电话株式会社（3） 株式会社 NTT 都科摩（3） 三菱电机株式会社（3） 精工爱普生株式会社（3）	7	6.14%	西安电子科技大学（3） 西安交通大学（2）
G06T（一般的图像数据处理或产生）	53	松下电器产业株式会社（7） 西安电子科技大学（6） 夏普株式会社（5） 哈尔滨工程大学（3） 三菱电机株式会社（2） 大连大学（2） 武汉大学（2） 索尼株式会社（2）	6	11.32%	西安电子科技大学（6）

续表

IPC 技术分类	全国（截至 2019 年年底）			陕西（截至 2019 年年底）		
	授权量 / 件	主要申请主体	授权量 / 件	占全国比重	主要申请主体	
H03M（一般编码、译码或代码转换）	28	夏普株式会社（4） 西安电子科技大学（3） 索尼株式会社（3） 西北大学（2） 日本电气株式会社（2）	5	17.86%	西安电子科技大学（3） 西北大学（2）	
G06F（电数字数据处理）	166	国家电网公司（4） 中国电力科学研究院（4） 浙江大学（4） 华中科技大学（4） 大连理工大学（3） 中国科学技术大学（3）	4	2.40%	西安交通大学（2） 中国科学院西安光学精密机械研究所（1） 西北工业大学（1）	
G01J（红外光、可见光、紫外光的强度、速度、光谱成分，偏振、相位或脉冲特性的测量；比色法；辐射高温测定法）	54	哈尔滨工业大学（5） 中国科学技术大学（4） 华东师范大学（4） 北京理工大学（3） 河南科技大学（3）	3	5.56%	西安理工大学（1） 中国科学院西安光学精密机械研究所（1） 西北农林科技大学（1）	
G01N（借助于测定材料的化学或物理性质来测试或分析材料）	114	厦门大学（8） 浙江大学（7） 哈尔滨工业大学（5） 西门子公司（3） 中北大学（3） 南京工业大学（3） 浜松光子学株式会社（3）	2	1.75%	西安电子科技大学（1） 西北农林科技大学（1）	
G10L（语音分析或合成；语音识别；语音或声音处理；语音或音频编码或解码）	12	索尼株式会社（2） （注：其余机构均为 1 件）	2	16.67%	西安邮电大学（1） 西北工业大学（1）	

2. 国外专利数据

2019年陕西在量子通信技术领域未申请国外专利。

五、新材料 ①

1. 国内专利数据

（1）钛

1）总量数据

截至2019年年底，陕西在钛材料技术领域的国内发明专利公开量为1720件，2019年当年陕西发明专利公开量为401件，均居全国首位，略领先于江苏、北京（图4-15）。陕西在该技术领域的发明专利累计授权量为780件，位居全国第二，仅次于北京，但2019年当年授权量为108件，居全国首位（图4-16）。

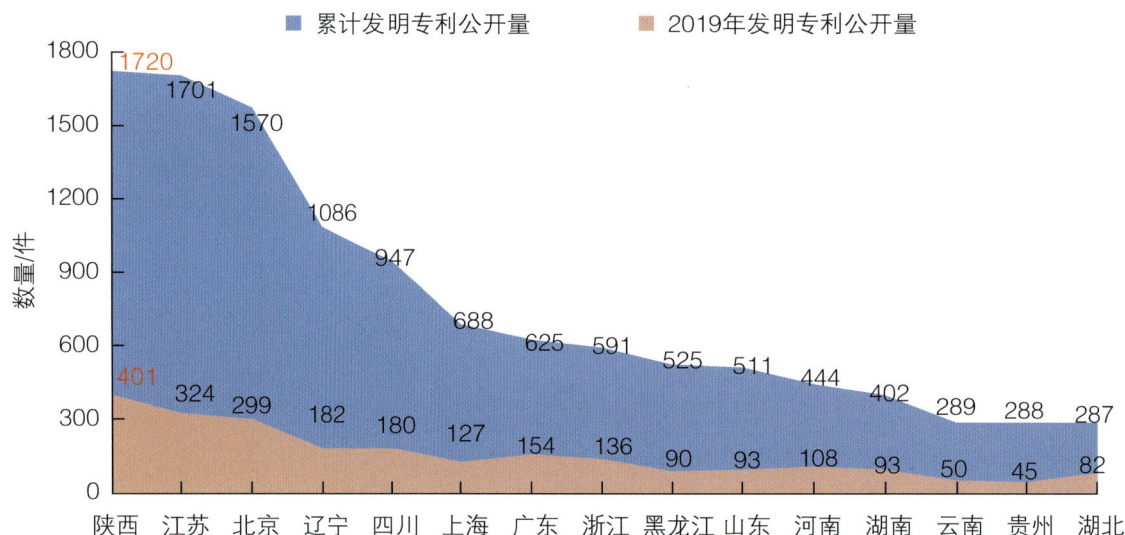

图4-15　钛材料技术领域部分省（区、市）的国内发明专利公开量数据

2）申请主体数据

截至2019年年底，陕西在钛材料技术领域的国内发明专利申请机构TOP 10中，企业与高校平分秋色，企业的发明专利累计公开量和授权量分别占陕西总量的50%和40%，贡献略大于高校。企业以西北有色金属研究院为领军者，高校以西北工业大学为领军者（图4-17）。

① 本部分从陕西省重点发展的若干种新材料中选择钛、钼、石墨烯3种新材料进行分析。

累计发明专利授权量　　2019年发明专利授权量

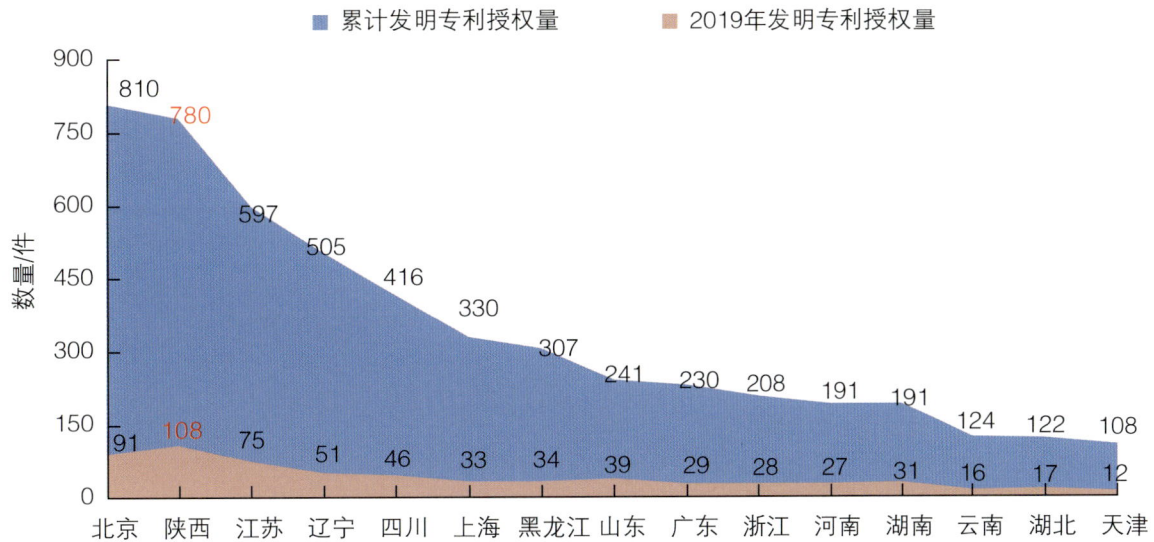

图 4-16　钛材料技术领域部分省（区、市）的国内发明专利授权量数据

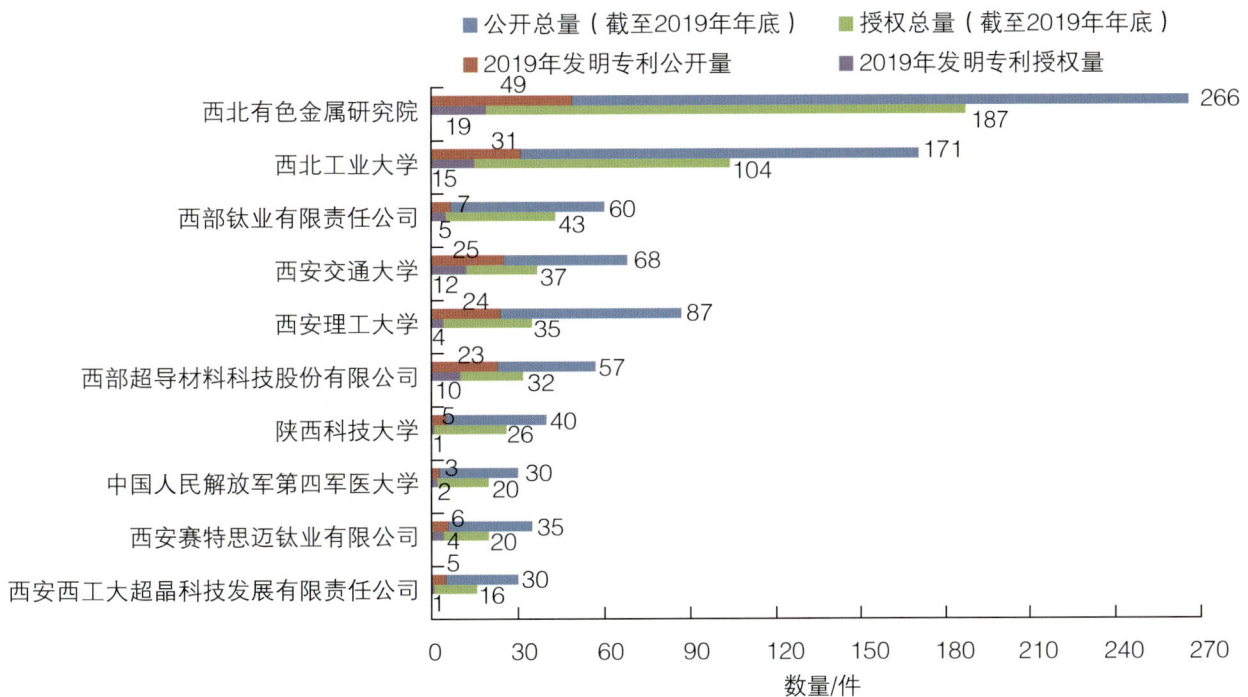

公开总量（截至2019年年底）　　授权总量（截至2019年年底）
2019年发明专利公开量　　2019年发明专利授权量

图 4-17　陕西钛材料技术领域国内发明专利申请机构 TOP 10

陕西企业在该技术领域的国内发明专利表现优异。位列前三的西北有色金属研究院及其参股或控股的西部钛业有限责任公司、西部超导材料科技股份有限公司的累计授权量总和超过陕西该技术领域全部授权量的 1/3，显示出西北有色金属研究院在钛材料技术领域雄厚的研发实力。西安赛特思迈钛业有限公司在 2019 年仍表现强劲，其当年发明专利授权量占其

授权总量的 20%（图 4-18）。

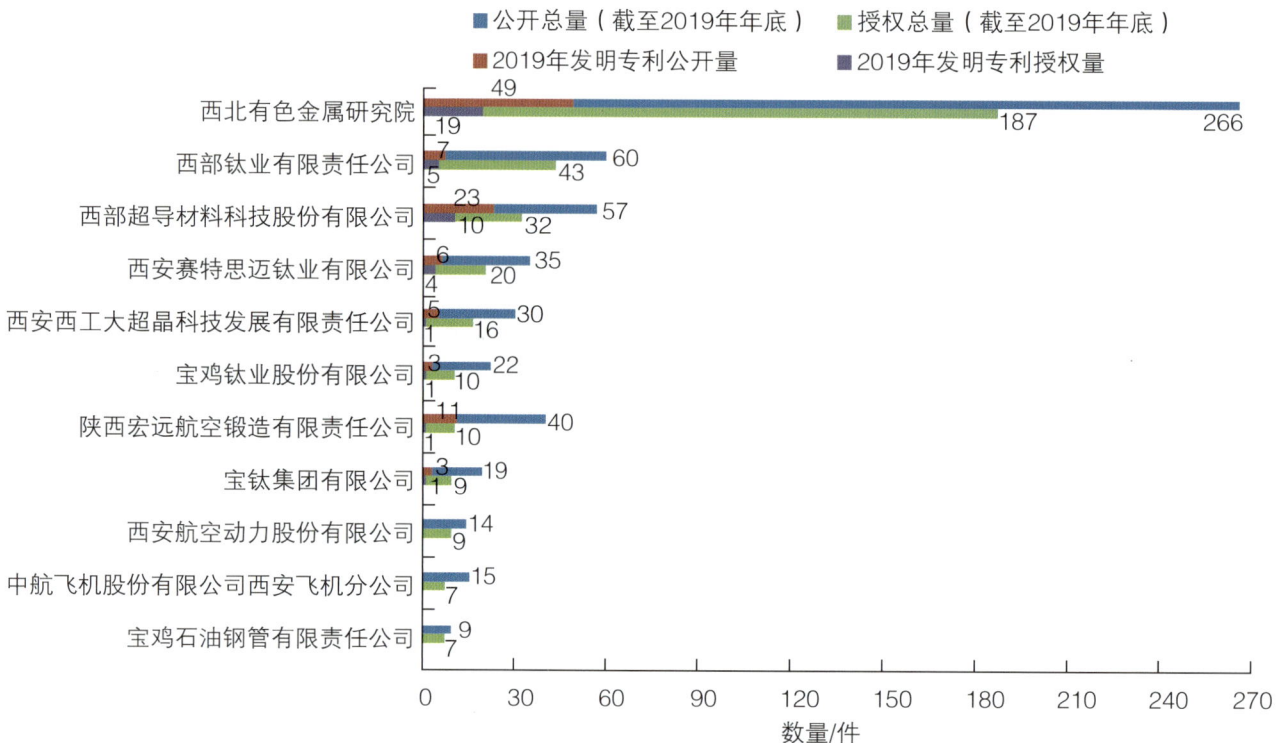

图 4-18　陕西钛材料技术领域国内发明专利申请企业 TOP 10

3）优势技术方向

按 IPC 分类，截至 2019 年年底，陕西在钛材料技术领域国内授权发明专利主要集中在金属加工方向。特别是"用非轧制的方式生产金属板、线、棒、管、型材或类似半成品；与基本无切削金属加工有关的辅助加工"（B21C）方向和"锻造；锤击；压制；铆接；锻造炉"（B21J）方向在全国处于领先地位，这 2 个技术方向的发明专利累计授权量占全国的比重约为 1/3。

西北有色金属研究院在 C22C、C22F、B21C、B21J 等 4 个技术方向上处于全国领先地位。西部钛业有限责任公司在 B21B 领域全国领先。西北工业大学、西安理工大学、空军军医大学、西部超导材料科技股份有限公司等机构也在部分技术分类中进入全国 TOP 5 机构，显示出较强的研发实力。但在 C23C（对金属材料的镀覆、表面处理等）方向，陕西没有机构进入全国申请机构 TOP 5 之列（表 4-8）。

表 4-8　陕西钛材料技术领域授权发明专利 IPC 分类 TOP 10

IPC 技术分类	全国（截至 2019 年年底）		陕西（截至 2019 年年底）		
	授权量 / 件	申请主体 TOP 5	授权量 / 件	占全国比重	主要申请主体
C22C（合金）	2241	西北有色金属研究院（90） 江苏麟龙新材料股份有限公司（80） 哈尔滨工业大学（74） 中国科学院金属研究所（59） 北京科技大学（48）	214	9.67%	西北有色金属研究院（90） 西北工业大学（21） 陕西科技大学（15） 西安西工大超晶科技发展有限责任公司（10） 西安理工大学（9） 西部超导材料科技股份有限公司（9）
C22F（改变有色金属或有色合金的物理结构）	930	西北有色金属研究院（61） 哈尔滨工业大学（33） 西北工业大学（33） 中国科学院金属研究所（25） 燕山大学（23）	186	20.00%	西北有色金属研究院（61） 西北工业大学（33） 西部钛业有限责任公司（18） 西部超导材料科技股份有限公司（12） 西安赛特思迈钛业有限公司（7）
B23K（钎焊或脱焊；焊接；用钎焊或焊接方法包覆或镀敷；局部加热切割，如火焰切割；用激光束加工）	541	哈尔滨工业大学（55） 西安理工大学（20） 西北工业大学（11） 哈尔滨工业大学（威海）（11） 中国船舶重工集团公司第七二五研究所（10）	71	13.12%	西安理工大学（20） 西北工业大学（11） 西北有色金属研究院（8） 西安交通大学（6） 宝鸡石油钢管有限责任公司（3）
B21C（用非轧制的方式生产金属板、线、棒、管、型材或类似半成品；与基本无切削金属加工有关的辅助加工）	180	西北有色金属研究院（12） 哈尔滨工业大学（9） 西部超导材料科技股份有限公司（6） 北京科技大学（5） 北京有色金属研究总院（5） 西部钛业有限责任公司（5） 攀钢集团研究院有限公司（5）	58	32.22%	西北有色金属研究院（12） 西部超导材料科技股份有限公司（6） 西部钛业有限责任公司（5） 西安赛特思迈钛业有限公司（4）
B22F（金属粉末的加工；由金属粉末制造制品；金属粉末的制造）	588	北京科技大学（34） 哈尔滨工业大学（27） 中南大学（18） 西北有色金属研究院（12） 昆明理工大学（12）	57	9.69%	西北有色金属研究院（12） 西北工业大学（5） 西安理工大学（5） 陕西科技大学（5） 西安欧中材料科技有限公司（3）

续表

IPC 技术分类	全国（截至 2019 年年底）		陕西（截至 2019 年年底）		
	授权量/件	申请主体 TOP 5	授权量/件	占全国比重	主要申请主体
B21B（金属的轧制）	252	西部钛业有限责任公司（19） 西北有色金属研究院（13） 攀钢集团攀枝花钢铁研究院有限公司（10） 哈尔滨工业大学（10） 洛阳双瑞精铸钛业有限公司（7）	52	20.63%	西部钛业有限责任公司（19） 西北有色金属研究院（13） 西安赛特思迈钛业有限公司（3） 西北工业大学（2） 西安建筑科技大学（2） 西部超导材料科技股份有限公司（2）
B21J（锻造；锤击；压制；铆接；锻造炉）	141	西北有色金属研究院（12） 湖南金天钛业科技有限公司（8） 中国航空工业集团公司北京航空材料研究院（8） 西北工业大学（7） 西部钛业有限责任公司（7） 哈尔滨工业大学（7）	51	36.17%	西北有色金属研究院（12） 西部钛业有限责任公司（7） 西北工业大学（7） 陕西宏远航空锻造有限责任公司（5） 西安赛特思迈钛业有限公司（4）
B23P（金属的其他加工；组合加工；万能机床）	223	中国航空工业集团公司北京航空制造工程研究所（9） 沈阳飞机工业（集团）有限公司（8） 哈尔滨工业大学（7） 沈阳黎明航空发动机（集团）有限责任公司（7） 西北有色金属研究院（6） 北京有色金属研究总院（6）	50	21.46%	西北有色金属研究院（6） 西北工业大学（3） 西安天力金属复合材料有限公司（3） 宝鸡市守善管件有限公司（3）
A61L（材料或消毒的一般方法或装置；空气的灭菌、消毒或除臭；绷带、敷料、吸收垫或外科用品的化学方面；绷带、敷料、吸收垫或外科用品的材料）	542	中国科学院上海硅酸盐研究所（23） 东南大学（17） 广西中医药大学（16） 中国科学院金属研究所（15） 上海交通大学（15） 中南大学（15） 中国人民解放军第四军医大学（15）	49	9.04%	中国人民解放军第四军医大学（15） 西安交通大学（14） 西北有色金属研究院（7） 西北工业大学（3） 陕西科技大学（2）

续表

IPC 技术分类	全国（截至 2019 年年底）		陕西（截至 2019 年年底）		
	授权量 / 件	申请主体 TOP 5	授权量 / 件	占全国比重	主要申请主体
C23C（对金属材料的镀覆；用金属材料对材料的镀覆；表面扩散法，化学转化或置换法的金属材料表面处理；真空蒸发法、溅射法、离子注入法或化学气相沉积法的一般镀覆）	865	江苏麟龙新材料股份有限公司（75） 南京航空航天大学（23） 太原理工大学（19） 中国科学院上海硅酸盐研究所（16） 江苏大学（15） 山东大学（15）	47	5.43%	西安交通大学（11） 西北有色金属研究院（10） 西北工业大学（9） 西安理工大学（3）

（2）钼

1）总量数据

截至 2019 年年底，陕西在钼材料技术领域的国内发明专利公开量为 369 件，居全国首位，略高于位列第二的江苏；2019 年当年陕西发明专利公开量为 55 件，居全国第三，但与第 1 位、第 2 位的江苏、北京差距不大（图 4-19）。陕西在该技术领域的发明专利累计授权量为 203 件，居全国首位；2019 年当年授权量为 15 件，比并列第 1 位的江苏和北京少 1 件（图 4-20）。

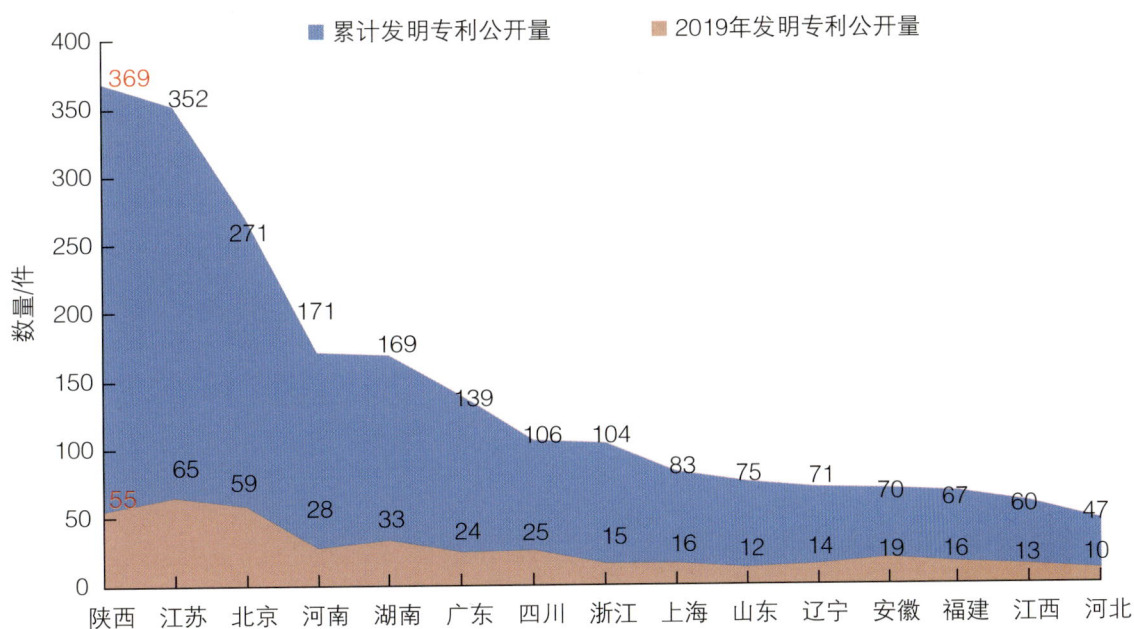

图 4-19　钼材料技术领域部分省（区、市）的国内发明专利公开量数据

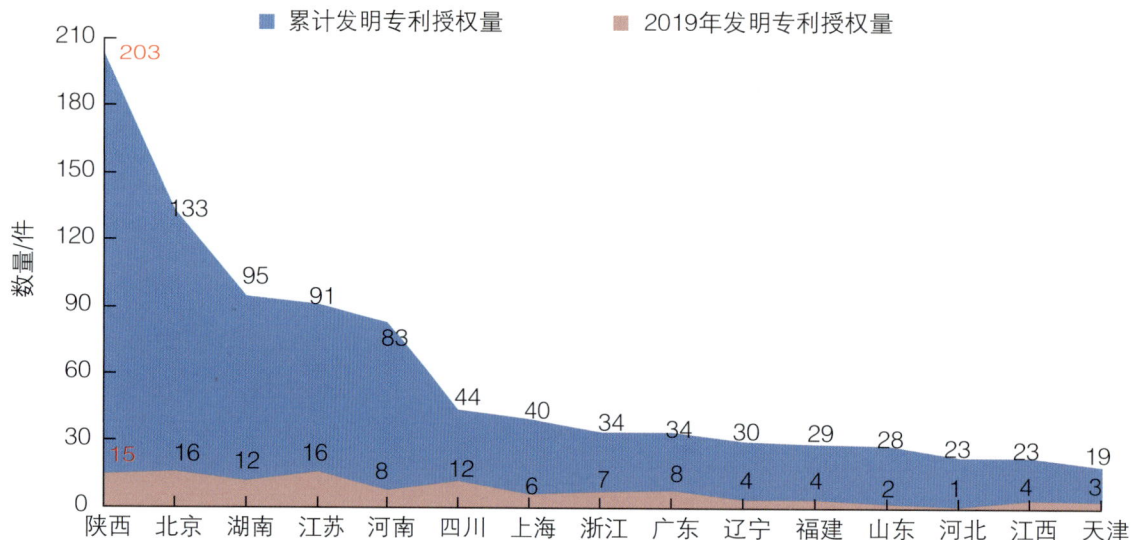

图 4-20 钼材料技术领域部分省（区、市）的国内发明专利授权量数据

2）申请主体数据

截至 2019 年年底，陕西在钼材料技术领域的国内发明专利申请主体以企业占据绝对优势，申请机构 TOP 10 中有 8 家企业，特别是金堆城钼业股份有限公司在该技术领域的国内发明专利量遥遥领先，占比接近全省的一半，显示了其在省内的领军地位。西安建筑科技大学在该技术领域的发明专利累计公开量和累计授权量均位居全省第二，西北有色金属研究院在该领域位居第三，但这两家机构的发明专利累计授权量仅为金堆城钼业股份有限公司的 25%（西安建筑科技大学）和 18%（西北有色金属研究院）（图 4-21）。

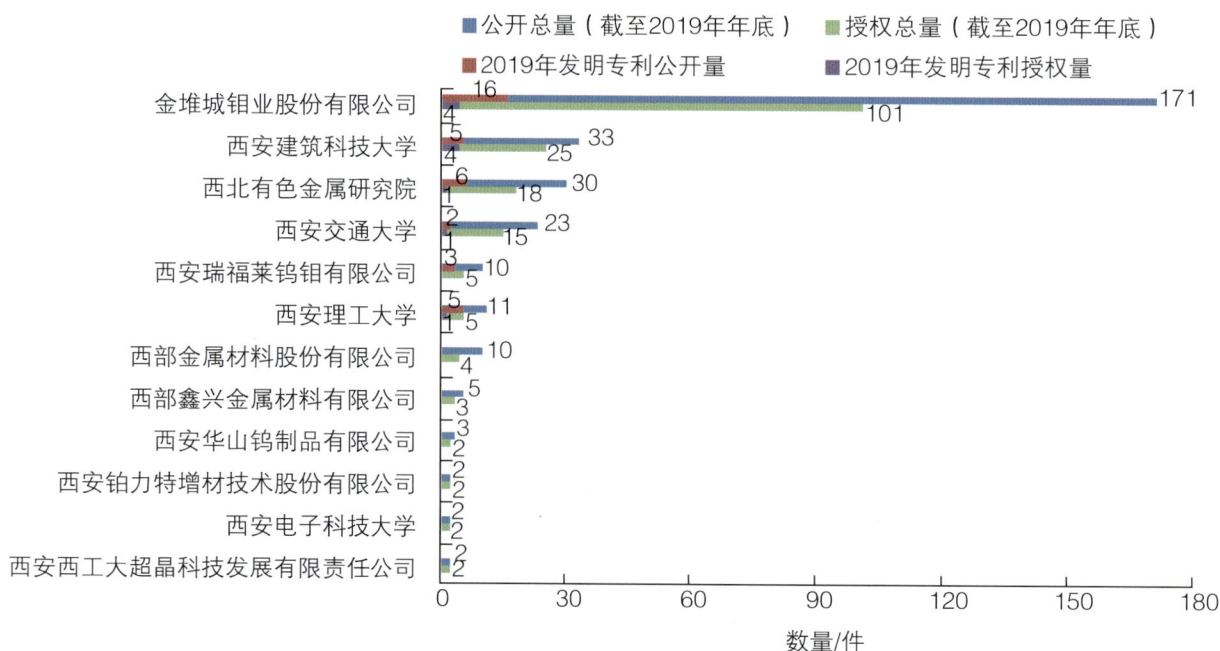

图 4-21 陕西钼材料技术领域国内发明专利申请机构 TOP 10

陕西民营企业在该技术领域的表现整体也较好。但值得注意的是，除金堆城钼业股份有限公司以外，其他6家机构在2019年均没有授权专利（图4-22）。

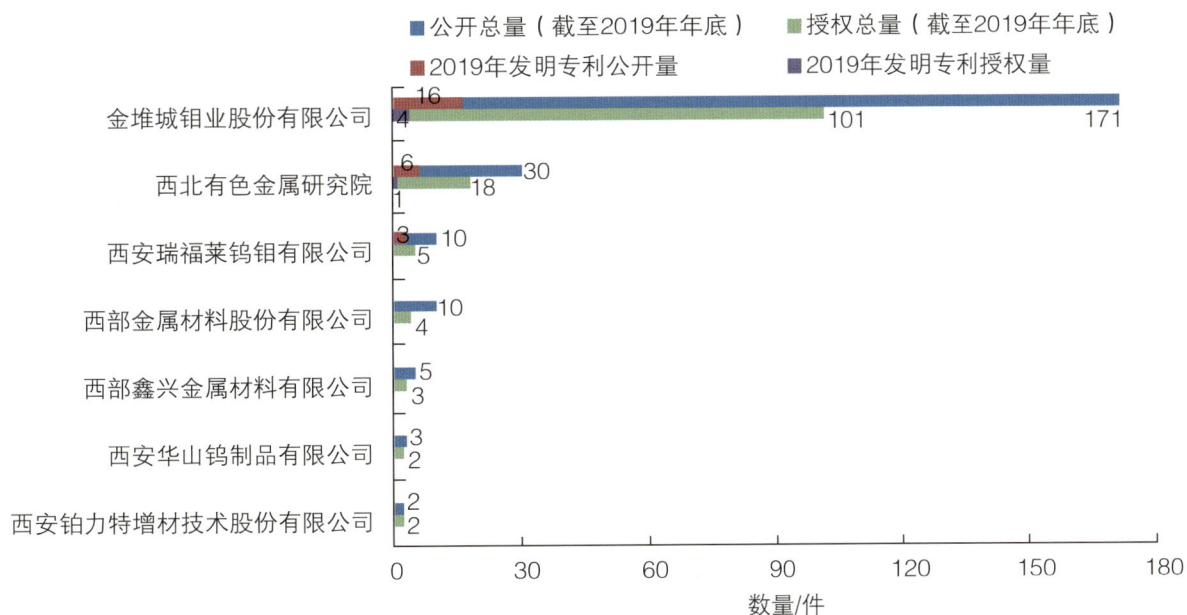

图例：
- 公开总量（截至2019年年底）
- 授权总量（截至2019年年底）
- 2019年发明专利公开量
- 2019年发明专利授权量

图 4-22　陕西钼材料技术领域国内发明专利主要申请企业

3）优势技术方向

按 IPC 分类，截至 2019 年年底，陕西在钼材料技术领域国内授权发明专利主要集中在合金、金属粉末的加工制造、金属生产或精炼等方向，尤其在 B03D（浮选；选择性沉积法）这个技术方向的授权发明专利在全国的占比为 41.18%，具有明显的优势。金堆城钼业股份有限公司表现尤其突出，在除 B01J 以外的其他 9 个技术方向上均处于领先地位。

陕西在钼材料技术领域的国内授权发明专利申请主体以企业为主，但高校也表现不俗。西安交通大学在 C22C、B22F 两个技术方向上均位列第二，但与位列第一的金堆城钼业股份有限公司差距较大；西安建筑科技大学在 B01J（化学或物理方法，如催化作用或胶体化学；其有关设备）技术方向上位列第一，同时在 7 个技术方向上均有专利授权，表现不俗；西安理工大学在 B22F、C23C 两个技术方向上也有专利授权。

值得注意的是，H.C. 施塔克公司和日立金属株式会社两家国外机构在 C23C 技术方向上有一定量的专利申请，H.C. 施塔克公司在 C01G 技术方向上也有专利申请，表明国外企业在钼材料技术领域加快通过专利申请在全国进行市场布局，参与中国市场竞争（表4-9）。

表 4-9　陕西钼材料技术领域授权发明专利 IPC 分类 TOP 10

IPC 技术分类	全国（截至 2019 年年底）		陕西（截至 2019 年年底）		
	授权量/件	主要申请主体	授权量/件	占全国比重	主要申请主体
B22F（金属粉末的加工；由金属粉末制造制品；金属粉末的制造；金属粉末的专用装置或设备）	320	金堆城钼业股份有限公司（49） 洛阳科威钨钼有限公司（12） 株式会社东芝（10） 河南科技大学（7） 安泰天龙钨钼科技有限公司（7） 安泰科技股份有限公司（7） 东芝高新材料公司（7）	78	24.38%	金堆城钼业股份有限公司（49） 西安建筑科技大学（5） 西安交通大学（5） 西北有色金属研究院（3） 西安瑞福莱钨钼有限公司（2） 西安理工大学（2） 西部金属材料股份有限公司（2） 西安铂力特增材技术股份有限公司（2）
C22C（合金）	420	金堆城钼业股份有限公司（22） 河南科技大学（14） 株式会社东芝（14） 北京工业大学（13） 北京科技大学（11）	67	15.95%	金堆城钼业股份有限公司（22） 西安交通大学（10） 西北有色金属研究院（7） 西安建筑科技大学（7） 西安理工大学（4）
C22B（金属的生产或精炼；原材料的预处理）	253	中南大学（42） 金堆城钼业股份有限公司（13） 北京矿冶研究总院（7） 中国石油化工股份有限公司（6） 中国石油化工股份有限公司抚顺石油化工研究院（6）	23	9.09%	金堆城钼业股份有限公司（13） 西北有色金属研究院（3） 西部鑫兴金属材料有限公司（3）
C23C（对金属材料的镀覆；用金属材料对材料的镀覆；表面扩散法、化学转化或置换法的金属材料表面处理；真空蒸发法、溅射法、离子注入法或化学气相沉积法的一般镀覆）	127	金堆城钼业股份有限公司（8） 日立金属株式会社（7） 洛阳科威钨钼有限公司（7） 西安建筑科技大学（6） H.C.施塔克公司（6）	20	15.75%	金堆城钼业股份有限公司（8） 西安建筑科技大学（6） 西安瑞福莱钨钼有限公司（3） 西安理工大学（2） 宝鸡市科迪普有色金属加工有限公司（31）

续表

IPC 技术分类	全国（截至 2019 年年底）		陕西（截至 2019 年年底）		
	授权量 / 件	主要申请主体	授权量 / 件	占全国比重	主要申请主体
C22F（改变有色金属或有色合金的物理结构）	64	金堆城钼业股份有限公司（8） 洛阳科威钨钼有限公司（5）	17	26.56%	金堆城钼业股份有限公司（8） 西北有色金属研究院（2） 西安交通大学（2） 西部金属材料股份有限公司（1） 西安瑞福莱钨钼有限公司（1） 西安华山钨制品有限公司（1）
C01G（含有不包含在 C01D 或 C01F 小类中之金属的化合物）	56	河北联合大学（12） 金堆城钼业股份有限公司（4） H.C. 施塔克公司（4） 西安建筑科技大学（3）	11	19.64%	金堆城钼业股份有限公司（4） 西安建筑科技大学（3） 西北有色金属研究院（2） 西安交通大学（1） 金堆城钼业公司（1）
B21C（用非轧制的方式生产金属板、线、棒、管、型材或类似半成品；与基本无切削金属加工有关的辅助加工）	28	金堆城钼业股份有限公司（5） 北京有色金属研究总院（2） 西北有色金属研究院（2） 金堆城钼业光明（山东）股份有限公司（2） 株式会社东芝（2）	9	32.14%	金堆城钼业股份有限公司（5） 西北有色金属研究院（2） 西安交通大学（1） 西安冶金建筑学院（1）
B82Y（纳米结构的特定用途或应用；纳米结构的测量或分析；纳米结构的制造或处理）	31	河北联合大学（11） 西安建筑科技大学（6） 金堆城钼业股份有限公司（2）	8	25.81%	西安建筑科技大学（6） 金堆城钼业股份有限公司（2）
B03D（浮选；选择性沉积法）	17	金堆城钼业股份有限公司（6） 洛阳栾川钼业集团股份有限公司（4） 江西理工大学（2） 西安建筑科技大学（1） 嵩县开拓者钼业有限公司（1）	7	41.18%	金堆城钼业股份有限公司（6） 西安建筑科技大学（1） 洛阳栾川钼业集团股份有限公司（1）
B01J（化学或物理方法，如催化作用或胶体化学；其有关设备）	31	国际壳牌研究有限公司（4） 金堆城钼业股份有限公司（3） 西安建筑科技大学（3） 辽宁大学（2） 厦门大学（2）	6	19.35%	金堆城钼业股份有限公司（3） 西安建筑科技大学（3）

（3）石墨烯

1）总量数据

截至 2019 年年底，陕西在石墨烯技术领域的国内发明专利累计公开量为 363 件，位居全国第八，不足江苏的 1/4；2019 年当年陕西发明专利公开量为 108 件，位居全国第八，约为江苏的 1/3（图 4-23）。陕西在该技术领域的发明专利累计授权量为 138 件，位居全国第八；2019 年当年授权量为 30 件，全国排名第 10 位（图 4-24）。

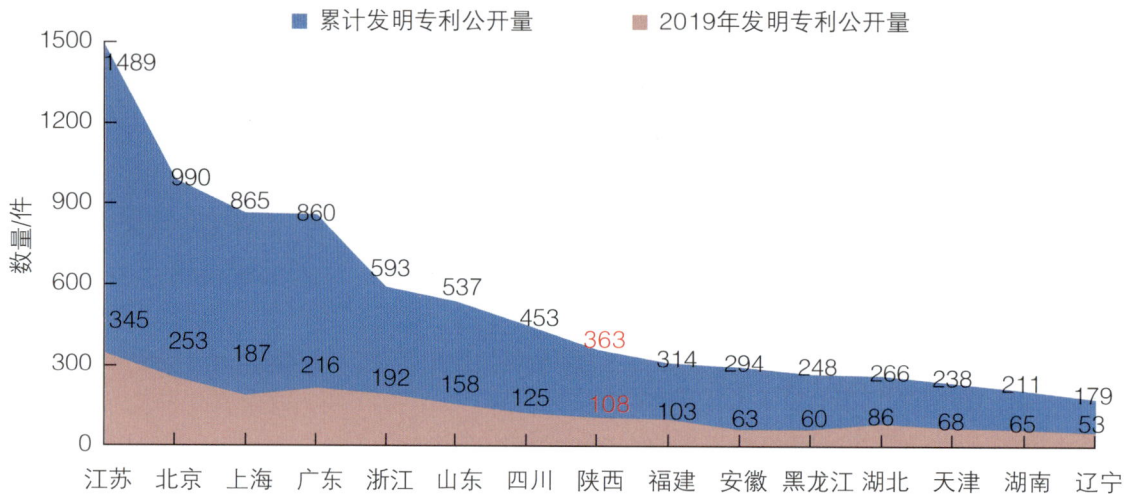

图 4-23　石墨烯技术领域部分省（区、市）的国内发明专利公开量数据

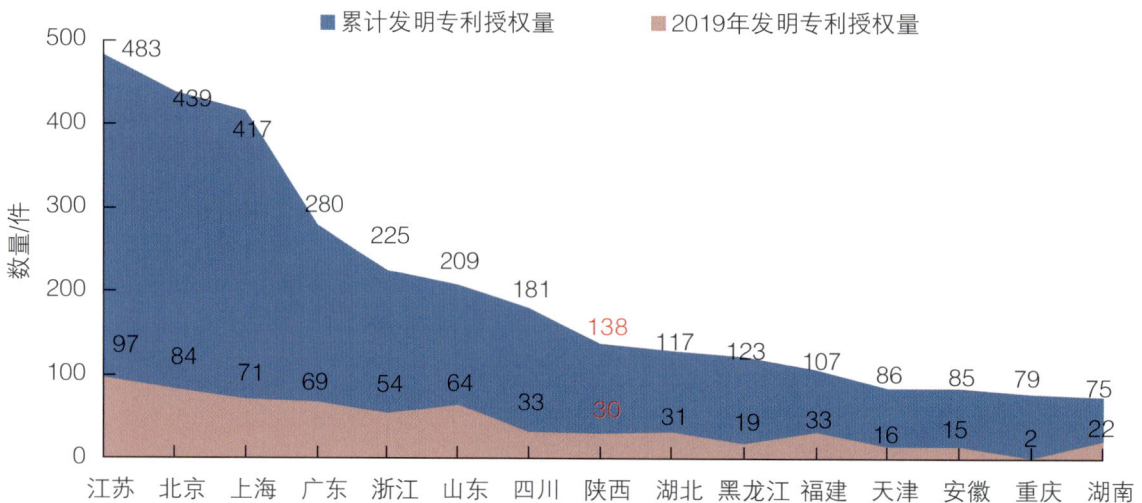

图 4-24　石墨烯技术领域部分省（区、市）的国内发明专利授权量数据

2）申请主体数据

截至 2019 年年底，陕西在石墨烯技术领域的国内发明专利累计授权量和公开量均以高校占据绝对优势，申请机构 TOP 10 中有 8 家高校，特别是西安电子科技大学在该技术领域的国内发明专利量远高于其他高校，显示了其在省内的领军地位。西安交通大学和陕西科技大学 2019 年专利公开量迅速增加，其 2019 年当年专利公开量占各自累计公开量的比例分别为 54% 和 37%（图 4–25）。

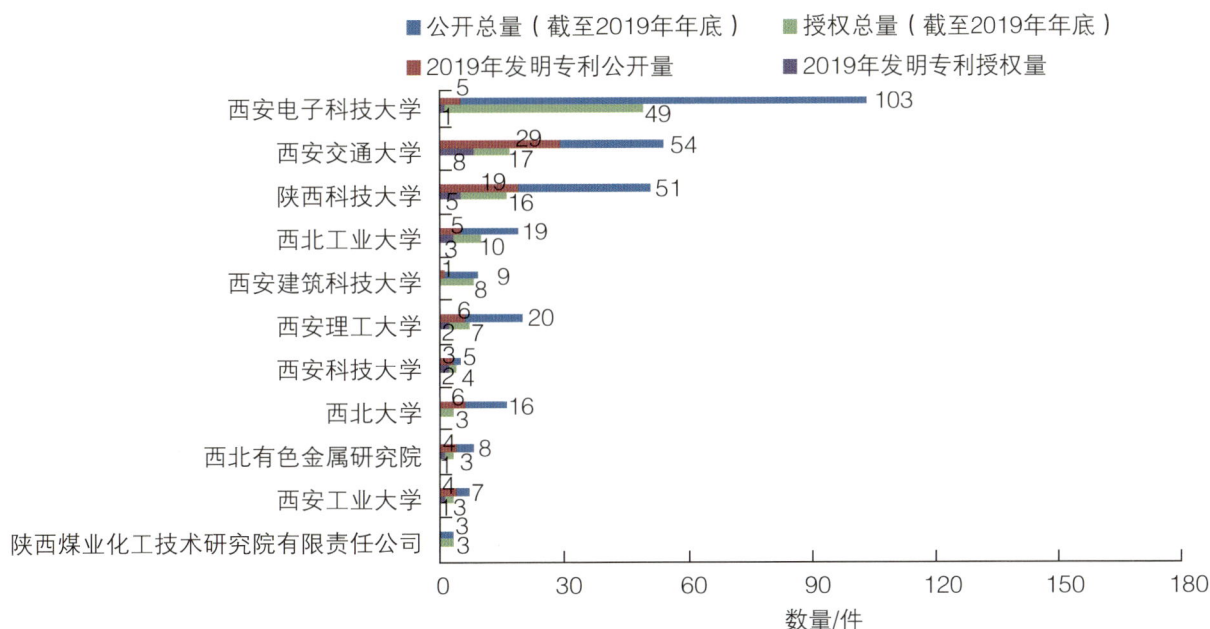

图 4–25　陕西石墨烯技术领域国内发明专利申请机构 TOP 10

陕西企业在该技术领域的表现远不如高校，进入 TOP 10 的企业主要是技术开发类转制院所及民营企业，民营企业有 4 家，说明陕西民营企业在石墨烯技术领域具备一定的研发实力。西北有色金属研究院在企业中位列第一，但与省内高校相比还存在较大差距（图 4–26）。

3）优势技术方向

按 IPC 分类，截至 2019 年年底，陕西在石墨烯技术领域国内授权发明专利主要集中在非金属元素及其化合物、半导体器件方向。西安电子科技大学在 H01L（半导体器件）、C23C（对金属材料的镀覆；用金属材料对材料的镀覆；表面扩散法，化学转化或置换法的金属材料表面处理；真空蒸发法、溅射法、离子注入法或化学气相沉积法的一般镀覆）、C30B（单晶生长、共晶材料制备及其后处理）这 3 个技术分类中表现较好，进入全国 TOP 5 机构，特别是 C30B 技术分类中，在全国处于领先地位。除此以外，陕西再无其他机构在主要 IPC 分类中进入全国 TOP 5 机构。

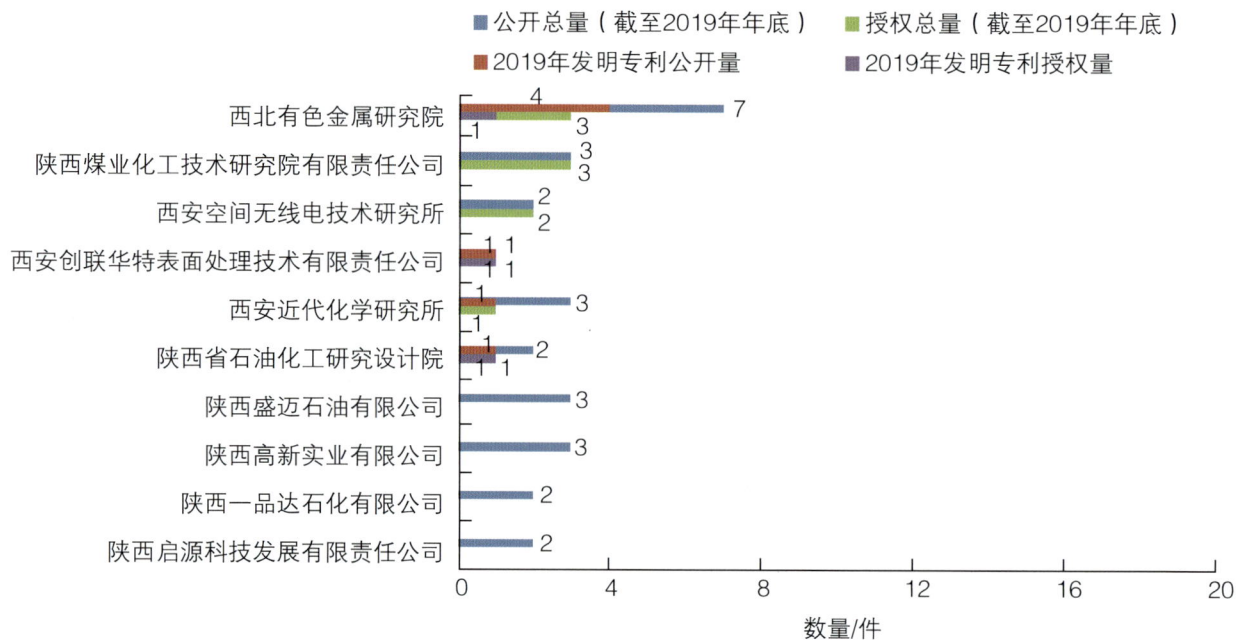

图 4-26　陕西石墨烯技术领域国内发明专利申请企业 TOP 10

　　陕西在石墨烯技术领域国内授权发明专利的申请几乎都被省内几所主要高校占据，仅有陕西煤业化工技术研究院有限责任公司在部分技术领域有少量授权专利（表 4-10）。

表 4-10　陕西石墨烯技术领域授权发明专利 IPC 分类 TOP 10

IPC 技术分类	全国（截至 2019 年年底）		陕西（截至 2019 年年底）		
	授权量 / 件	主要申请主体	授权量 / 件	占全国比重	主要申请主体
C01B（非金属元素；其化合物）	2856	成都新柯力化工科技有限公司（82） 海洋王照明科技股份有限公司（70） 深圳市海洋王照明技术有限公司（62） 中国科学院宁波材料技术与工程研究所（55） 哈尔滨工业大学（47）	76	2.66%	西安电子科技大学（17） 西安交通大学（11） 陕西科技大学（10） 西北工业大学（8） 西安理工大学（7）

续表

IPC 技术分类	全国（截至 2019 年年底）		陕西（截至 2019 年年底）		
	授权量 / 件	主要申请主体	授权量 / 件	占全国比重	主要申请主体
H01L（半导体器件；其他类目中不包括的电固体器件）	299	中国科学院上海微系统与信息技术研究所（32） 西安电子科技大学（22） 中国科学院微电子研究所（20） 复旦大学（14） 北京大学（13）	25	8.36%	西安电子科技大学（22） 西安交通大学（2） 陕西科技大学（1）
C23C（对金属材料的镀覆；用金属材料对材料的镀覆；表面扩散法，化学转化或置换法的金属材料表面处理；真空蒸发法、溅射法、离子注入法或化学气相沉积法的一般镀覆）	254	中国科学院上海微系统与信息技术研究所（13） 中国科学院重庆绿色智能技术研究院（13） 中国科学院上海硅酸盐研究所（10） 重庆墨希科技有限公司（9） 西安电子科技大学（8）	20	7.87%	西安电子科技大学（8） 西安交通大学（2） 西安理工大学（2） 西北工业大学（2）
B82Y（纳米结构的特定用途或应用；纳米结构的测量或分析；纳米结构的制造或处理）	526	海洋王照明科技股份有限公司（33） 深圳市海洋王照明技术有限公司（33） 深圳市海洋王照明工程有限公司（24） 清华大学（19） 东南大学（15）	16	3.04%	西安电子科技大学（4） 陕西科技大学（3） 西安理工大学（2） 西安建筑科技大学（2）
B01J（化学或物理方法，如催化作用或胶体化学；其有关设备）	179	山东理工大学（5） 中国科学院宁波材料技术与工程研究所（4） 中国科学院上海硅酸盐研究所（4） 武汉大学（4） 江苏大学（3） 福州大学（3） 天津大学（3） 北京理工大学（3）	12	6.70%	西安建筑科技大学（5） 陕西科技大学（3） 西安交通大学（2） 西北大学（1） 西安科技大学（1）

续表

IPC 技术分类	全国（截至 2019 年年底）		陕西（截至 2019 年年底）		
	授权量/件	主要申请主体	授权量/件	占全国比重	主要申请主体
C30B（单晶生长；共晶材料的定向凝固或共析材料的定向分层；材料的区熔精炼；具有一定结构的均匀多晶材料的制备；单晶或具有一定结构的均匀多晶材料；单晶或具有一定结构的均匀多晶材料之后处理；其所用的装置）	68	西安电子科技大学（11） 北京大学（9） 中国科学院上海微系统与信息技术研究所（6） 中国科学院化学研究所（3）	11	16.18%	西安电子科技大学（11）
C01G（用于直接转变化学能为电能的方法或装置）	160	东南大学（8） 上海交通大学（7） 上海大学（6） 江苏大学（5）	9	5.63%	西安建筑科技大学（5） 陕西科技大学（2） 陕西煤业化工技术研究院有限责任公司（1） 西北工业大学（1）
H01M（用于直接转变化学能为电能的方法或装置，如电池组）	226	山东理工大学（8） 北京化工大学（7） 哈尔滨工业大学（5） 上海交通大学（5）	9	3.98%	陕西科技大学（4） 陕西煤业化工技术研究院有限责任公司（1） 安康学院（1） 西安交通大学（1） 西北大学（1） 西安科技大学（1）
H01G（电容器；电解型的电容器、整流器、检波器、开关器件、光敏器件或热敏器件）	197	中国科学院宁波材料技术与工程研究所（10） 山东理工大学（9） 哈尔滨工业大学（7） 复旦大学（5）	5	2.54%	西安电子科技大学（2） 陕西科技大学（2） 宝鸡文理学院（1）
C08K（使用无机物或非高分子有机物作为配料）	156	济南圣泉集团股份有限公司(11) 北京化工大学（7） 华南理工大学（6） 哈尔滨工业大学（4） 成都新柯力化工科技有限公司（4） 青岛科技大学（4）	4	2.56%	陕西科技大学（1） 西安电子科技大学（1） 西安交通大学（1） 西安理工大学（1）

2. 国外专利数据

2019 年，陕西在钛材料技术领域国外专利公开量有 4 件，均为宝鸡市渭滨区怡鑫金属加工厂申请的中国专利（公开号 CN201510586413）的同族专利。其中，欧洲专利 2 件（公开号 EP3346167A4、EP3346167A1）、美国专利 1 件（公开号 US20180266560A1）、PCT 国际专利 1 件（公开号 WO2017036054A1），均涉及一种深海石油钻采设备用的钛连接密封环。

2019 年，陕西在钼材料技术领域和石墨烯技术领域无国外专利申请。

六、生物医药 [①]

1. 国内专利数据

（1）总量数据

截至 2019 年年底，陕西在生物医药技术领域的国内发明专利累计公开量为 18 529 件，居全国第 14 位，不足山东的 1/5；2019 年当年陕西发明专利公开量为 3563 件，居全国第 10 位，不足山东的 1/3（图 4-27）。陕西在该技术领域的发明专利累计授权量为 5477 件，居全国第 13 位，不足山东的 1/4；2019 年当年授权量 511 件，居全国第 15 位，不足山东的 1/4（图 4-28），与强省有一定差距。

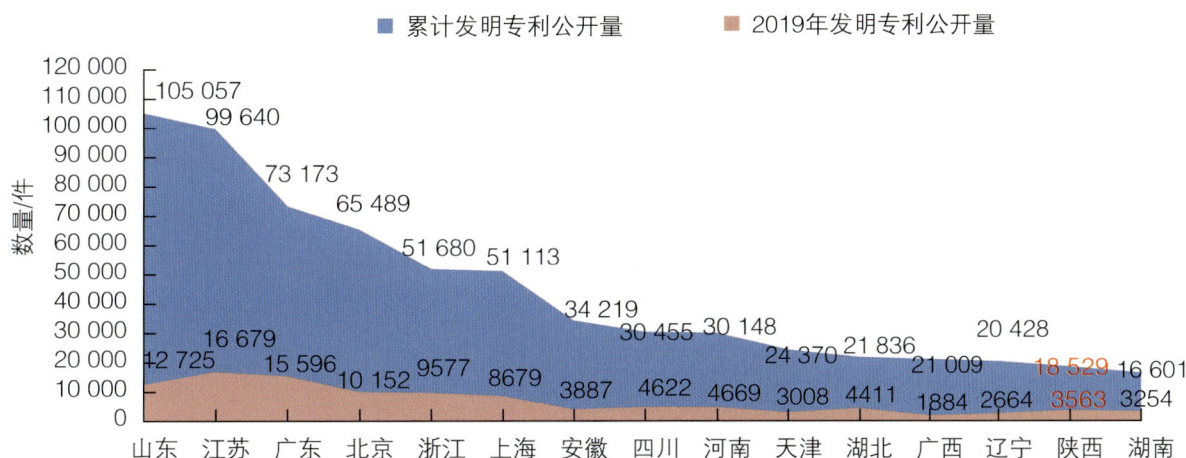

图 4-27　生物医药技术领域部分省（区、市）的国内发明专利公开量数据

---

① 本报告中的生物医药包括传统医药行业和生物技术在医药行业的应用技术两部分。

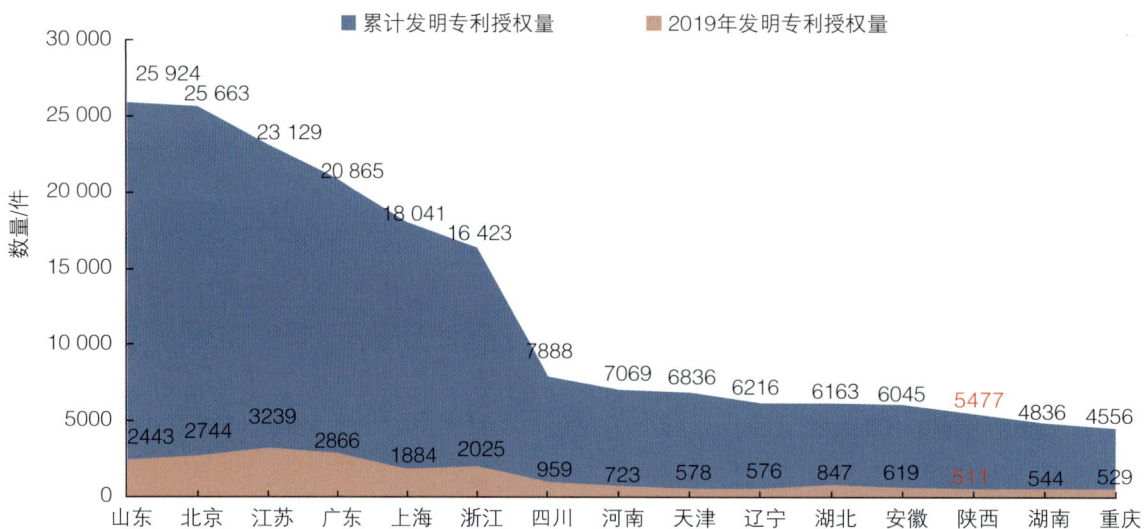

图 4-28 生物医药技术领域部分省（区、市）的国内发明专利授权量数据

（2）申请主体数据

截至 2019 年年底，陕西在生物医药领域的国内发明专利授权和公开累计量均以高校占据绝对优势，申请主体 TOP 10 中有 8 家高校。特别是中国人民解放军空军军医大学在该技术领域的省内发明专利量高居榜首，凸显了其在省内该领域的"领头羊"地位；西安交通大学和西北农林科技大学分别居第 2 位和第 3 位（图 4-29）。

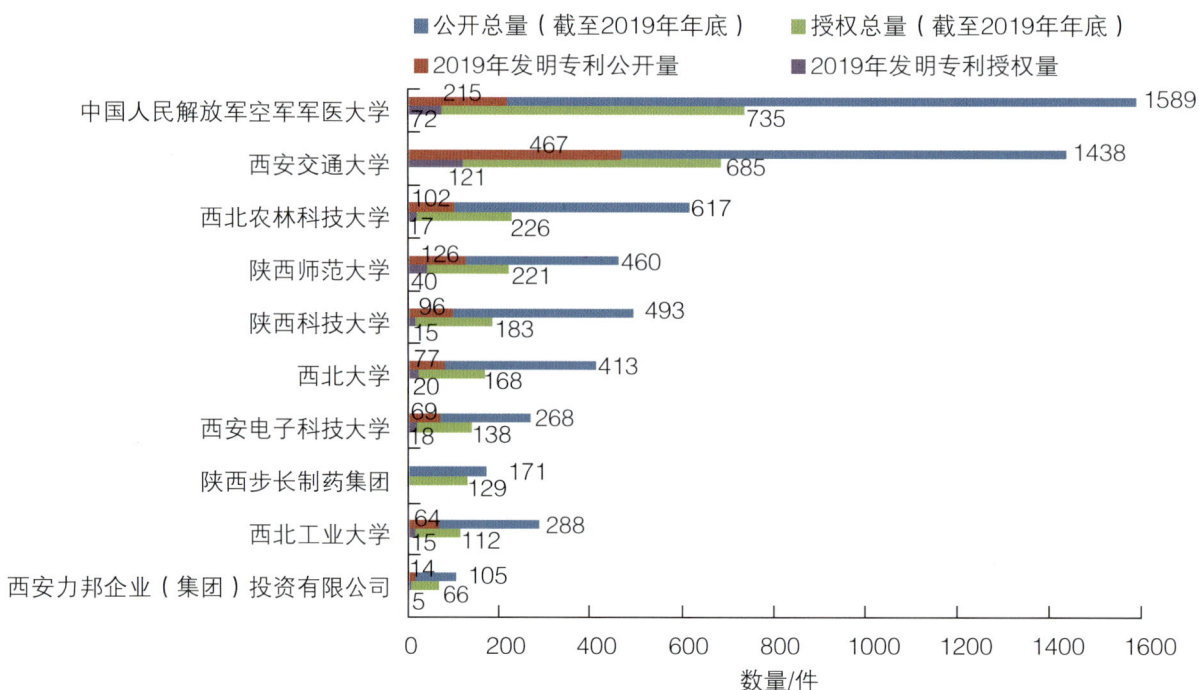

图 4-29 陕西生物医药技术领域国内发明专利申请机构 TOP 10

陕西企业在该技术领域的国内发明专利表现不如省内高校，仅陕西步长制药集团、西安力邦企业（集团）投资有限公司进入陕西该领域 TOP 10 机构中。但进入 TOP 10 的企业申请主体中，以民营企业居多，说明陕西省民营企业在生物医药领域具有一定的研究实力。值得注意的是，陕西步长制药集团虽然累计发明专利授权量排名进入 TOP 10，但是在 2019 年的表现不尽如人意，无论是申请量还是授权量数量均为 0（图 4-30）。

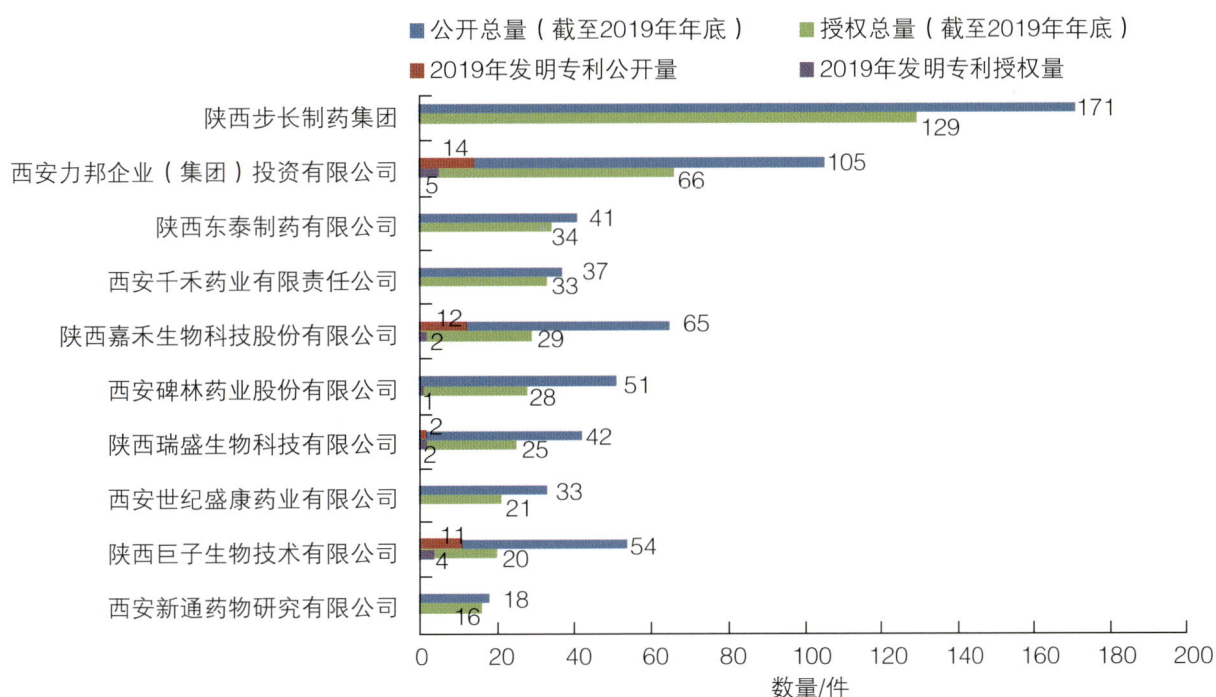

图 4-30　陕西生物医药技术领域国内发明专利申请企业 TOP 10

（3）优势技术方向

按 IPC 分类，截至 2019 年年底，陕西在生物医药技术领域国内授权发明专利主要集中在医用、牙科用或梳妆用的配制品，化合物或药物制剂的特定治疗活性方向上。特别是中国人民解放军空军军医大学在 A61K（医用、牙科用或梳妆用的配制品）、A61P（化合物或药物制剂的特定治疗活性）、A61B（诊断；外科；鉴定）等技术方向上在陕西处于领先地位。从整体上看，陕西机构在生物医药技术领域的专利在全国表现并不突出，未见进入全国 TOP 5 的代表性机构。

在 A61B（诊断；外科；鉴定）、A61F（可植入血管内的滤器等）、A61M（将介质输入人体内或输到人体上的器械）、C07D（杂环化合物）等技术方向上，专利授权量 TOP 5 机构基本被国外企业垄断，可见在该技术领域国外企业非常重视我国市场及在我国的知识产权保护。

陕西在生物医药技术领域的国内授权发明专利的申请主体基本为省内几所高校，但民营企业的专利活动也逐渐活跃。在 A61K（医用、牙科用或梳妆用的配制品）、A61P（化合物或药物制剂的特定治疗活性）技术方向上，陕西步长制药集团进入陕西申请机构 TOP 5 之列；在 A61M（将介质输入人体内或输到人体上的器械）技术方向上，西安力邦企业（集团）投资有限公司进入陕西申请机构 TOP 5 之列；在 A61B（诊断；外科；鉴定）技术方向上，飞秒光电科技（西安）有限公司进入陕西申请机构 TOP 5 之列；在 A61F（可植入血管内的滤器；假体；为人体管状结构提供开口或防止其塌陷的装置，如支架；整形外科、护理或避孕装置；热敷；眼或耳的治疗或保护；绷带、敷料或吸收垫；急救箱）和 A61M（将介质输入人体内或输到人体上的器械）技术方向上，陕西远光高科技有限公司进入陕西申请机构 TOP 5 之列（表 4-11）。

表 4-11　陕西生物医药技术领域授权发明专利 IPC 分类 TOP 10

IPC 技术分类	全国（截至 2019 年年底）		陕西（截至 2019 年年底）		
	授权量/件	申请主体 TOP 5	授权量/件	占全国比重	申请主体 TOP 5
A61K（医用、牙科用或梳妆用的配制品）	164 487	莱雅公司（533） 浙江大学（442） 荷兰联合利华有限公司（426） 宝洁公司（419） 天津天士力制药股份有限公司（412）	2799	1.70%	中国人民解放军空军军医大学（198） 陕西步长制药集团（123） 西北农林科技大学（112） 西安交通大学（91） 西安力邦企业（集团）投资有限公司（55）
A61P（化合物或药物制剂的特定治疗活性）	130 541	浙江大学（796） 中国药科大学（730） 中国人民解放军第二军医大学（695） 中国科学院上海药物研究所（615） 沈阳药科大学（605）	2524	1.93%	中国人民解放军空军军医大学（307） 西安交通大学（173） 西北农林科技大学（146） 陕西步长制药集团（121） 陕西师范大学（56）
A61B[诊断；外科；鉴定（分析生物材料入 G01N，如 G01N33/48）]	48 350	奥林巴斯株式会社（2505） 东芝医疗系统株式会社（2208） 皇家飞利浦电子股份有限公司（1901） 西门子公司（1008） 伊西康内外科公司（901）	647	1.34%	西安交通大学（174） 中国人民解放军空军军医大学（138） 西安电子科技大学（43） 西北工业大学（14） 飞秒光电科技（西安）有限公司（10）

续表

IPC 技术分类	全国（截至 2019 年年底）		陕西（截至 2019 年年底）		
	授权量/件	申请主体 TOP 5	授权量/件	占全国比重	申请主体 TOP 5
A61L（材料或消毒的一般方法或装置；空气的灭菌、消毒或除臭；绷带、敷料、吸收垫或外科用品的化学方面；绷带、敷料、吸收垫或外科用品的材料）	17 244	浙江大学（146） 四川大学（112） 宝洁公司（98） 东华大学（85） 华南理工大学（84）	486	2.81%	西安交通大学（51） 中国人民解放军空军军医大学（49） 陕西科技大学（29） 西北工业大学（21） 西北大学（20）
C12N（微生物或酶；其组合物）	29 321	江南大学（524） 浙江大学（363） 中国农业大学（248） 华中农业大学（232） 南京农业大学（195）	432	1.47%	西北农林科技大学（72） 中国人民解放军空军军医大学（49） 西安交通大学（35） 陕西师范大学（22） 西北大学（18）
C07K（肽）	22 182	中国农业大学（289） 浙江大学（262） 首都医科大学（186） 华中农业大学（173） 江南大学（169）	284	1.28%	中国人民解放军空军军医大学（101） 西安交通大学（26） 西北农林科技大学（22） 西北工业大学（14） 陕西师范大学（13）
A61F（可植入血管内的滤器；假体；为人体管状结构提供开口或防止其塌陷的装置，如支架；整形外科、护理或避孕装置；热敷；眼或耳的治疗或保护；绷带、敷料或吸收垫；急救箱）	18 071	尤妮佳股份有限公司（1178） 宝洁公司（530） 金伯利－克拉克环球有限公司（408） 花王株式会社（348） 3M 创新有限公司（139）	253	1.35%	西安交通大学（72） 中国人民解放军空军军医大学（52） 西北工业大学（9） 陕西科技大学（8） 陕西远光高科技有限公司（7）

续表

| IPC 技术分类 | 全国（截至 2019 年年底） | | 陕西（截至 2019 年年底） | | |
	授权量 / 件	申请主体 TOP 5	授权量 / 件	占全国比重	申请主体 TOP 5
A61M（将介质输入人体内或输到人体上的器械）	19 080	皇家飞利浦有限公司（415） 赛诺菲 – 安万特德国有限公司（371） 贝克顿 – 迪金森公司（293） 泰尔茂株式会社（256） 浙江大学（65）	220	1.19%	中国人民解放军空军军医大学（51） 西安交通大学（48） 西安力邦企业（集团）投资有限公司（7） 陕西远光高科技有限公司（6） 西安电子科技大学（3）
C07D（杂环化合物）	23 280	霍夫曼 – 拉罗奇有限公司（496） 詹森药业有限公司（412） 弗·哈夫曼 – 拉罗切有限公司（367） 中国科学院上海药物研究所（264） 诺瓦提斯公司（223）	208	0.80%	西安交通大学（48） 陕西科技大学（25） 陕西师范大学（20） 西北农林科技大学（19） 中国人民解放军空军军医大学（18）
C12P（发酵或使用酶的方法合成目标化合物或组合物或从外消旋混合物中分离旋光异构体）	13 211	江南大学（213） 华南理工大学（105） 浙江大学（96） 华东理工大学（87） 南京工业大学（83）	174	1.25%	陕西科技大学（24） 西北农林科技大学（8） 西北大学（5） 陕西省微生物研究所（4） 西安交通大学（4）

2. 国外专利数据

（1）PCT 国际专利

2019 年，陕西在生物医药领域申请的 PCT 国际专利公开量合计 24 件，比 2018 年减少了 5 件；主要集中在 A61N（电疗、磁疗、放射疗、超声波疗）方向。

申请主体当中，西安大医集团有限公司表现突出，专利公开数量达 19 件，均集中在 A61N（电疗、磁疗、放射疗、超声波疗）方向；西安交通大学为 3 件；中国人民解放军空军军医大学为 2 件。

（2）美国专利

2019 年，陕西在生物医药领域申请的美国专利公开量合计 24 件，比 2018 减少了 9 件；主要分布在 A61K（医用、牙科用或梳妆用的配制品）、A61N（电疗、磁疗、放射疗、超声波疗）、A61B（诊断、外科、鉴定）、A61P（化合物或药物制剂的特定治疗活性）、A61M（将介质输入人体内或输到人体上的器）、A61L（材料或消毒的一般方法或装置；空气的灭菌、消毒或除臭；绷带、敷料、吸收垫或外科用品的化学方面；绷带、敷料、吸收垫或外科用品的材料）、C07D（杂环化合物）、C07K（肽）等方向上。

申请主体当中，中国人民解放军空军军医大学、西安力邦企业（集团）投资有限公司、西安大医集团有限公司、陕西科技大学、西北大学各 2 件；西安电子科技大学、陕西师范大学、西安泰科迈医药科技股份有限公司和陕西瑞科新材料股份有限公司等为 1 件。

（3）欧洲专利

2019 年，陕西在生物医药领域申请的欧洲专利公开量合计 14 件，比 2018 年多 5 件；主要分布在 A61P（化合物或药物制剂的特定治疗活性）、A61K（医用、牙科用或梳妆用的配制品）、A61N（电疗、磁疗、放射疗、超声波疗）、C07K（肽）、G01N（借助于测定材料的化学或物理性质来测试或分析材料）等方向上。

申请主体当中，西安力邦企业（集团）投资有限公司专利公开数量为 6 件，中国人民解放军空军军医大学专利公开数量为 3 件，陕西慧康生物科技有限责任公司、西安炬光科技股份有限公司和陕西靓帝生物科技有限责任公司各 1 件，有 1 件专利为自然人申请。

（4）日本专利

2019 年，陕西在生物医药领域申请的日本专利公开量合计 11 件，比 2018 年增加了 4 件；主要分布在 A61K（医用、牙科用或梳妆用的配制品）、A61P（化合物或药物制剂的特定治疗活性）、C07D（杂环化合物）、C07K（肽）等方向上。

申请主体当中，陕西科技大学专利公开数量为 5 件，中国人民解放军空军军医大学、西北大学各 2 件，陕西嘉禾药业有限公司 1 件，有 1 件专利为自然人申请。

（5）韩国专利

2019 年，陕西在生物医药领域申请的韩国专利公开量合计 6 件，比 2018 年增加了 4 件；主要分布在 C07K（肽）、A61P（化合物或药物制剂的特定治疗活性）、A61K（医用、牙科用或梳妆用的配制品）、A61N（电疗、磁疗、放射疗、超声波疗）等方向上。

申请主体当中，中国人民解放军空军军医大学和西北大学专利公开数量各为 2 件，西安力邦企业（集团）投资有限公司和西安炬光科技股份有限公司专利公开数量各为 1 件。

七、太阳能

1. 国内专利数据

（1）总量数据

截至 2019 年年底，陕西在太阳能技术领域的国内发明专利累计公开量 3553 件，位居全

国第九；2019 年当年陕西发明专利公开量为 827 件，位居全国第六（图 4-31）。陕西在该技术领域的发明专利累计授权量为 715 件，在全国排名第 10 位；2019 年当年授权量为 106 件，在全国排名第九（图 4-32）。

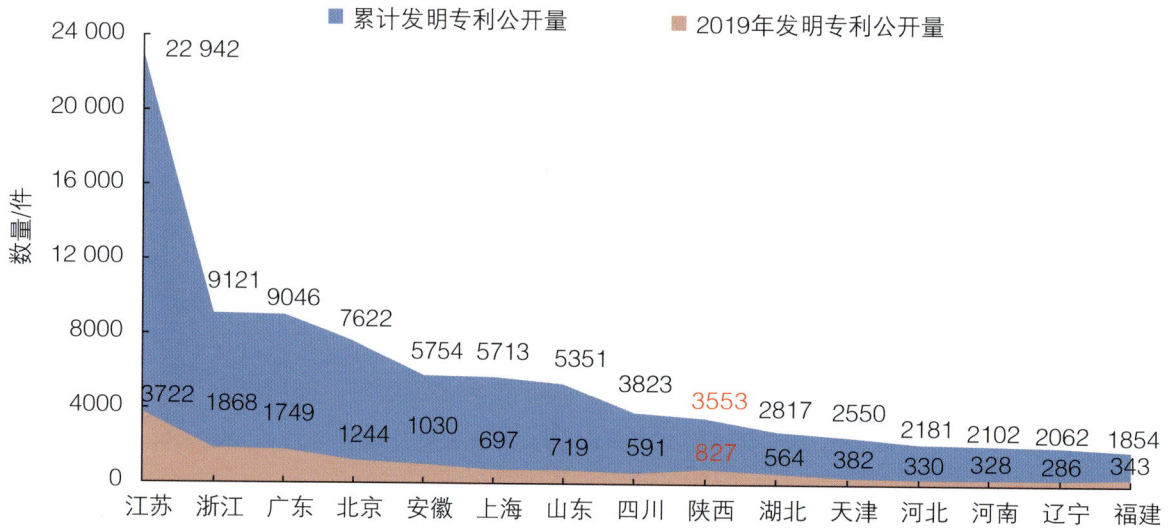

图 4-31　太阳能技术领域部分省（区、市）的国内发明专利公开量数据

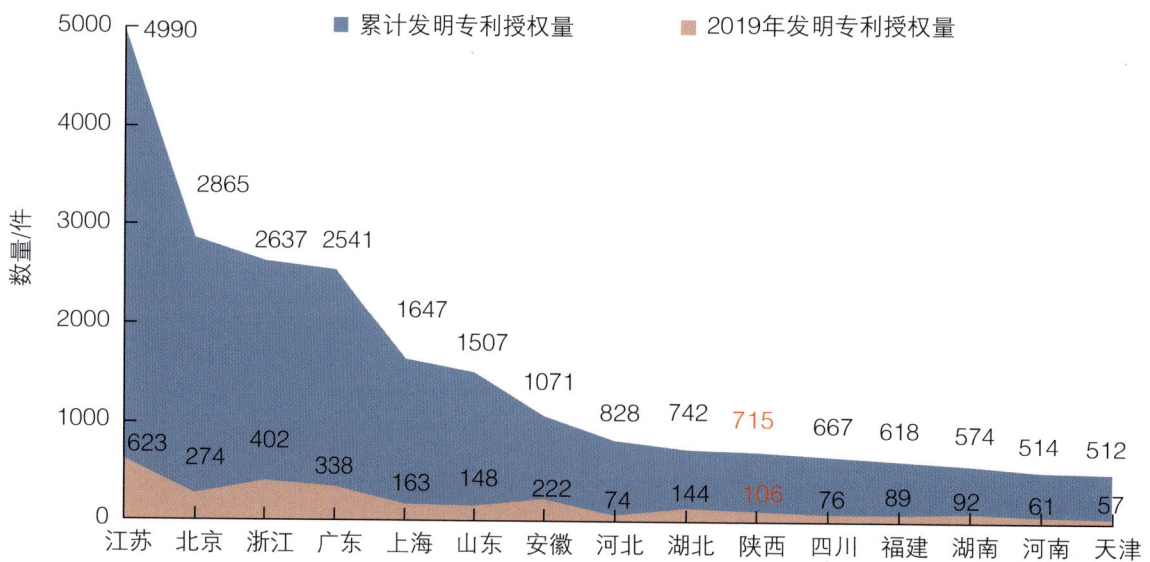

图 4-32　太阳能技术领域部分省（区、市）的国内发明专利授权量数据

（2）申请主体数据

截至 2019 年年底，陕西太阳能领域的国内发明专利授权和公开累计量均以高校占据绝对优势，申请机构 TOP 10 中有 8 家高校和 2 家企业。彩虹集团公司虽然发明专利累计授权量排名第二，但 2019 年当年申请量和授权量均仅为 1 件，表现欠佳（图 4-33）。

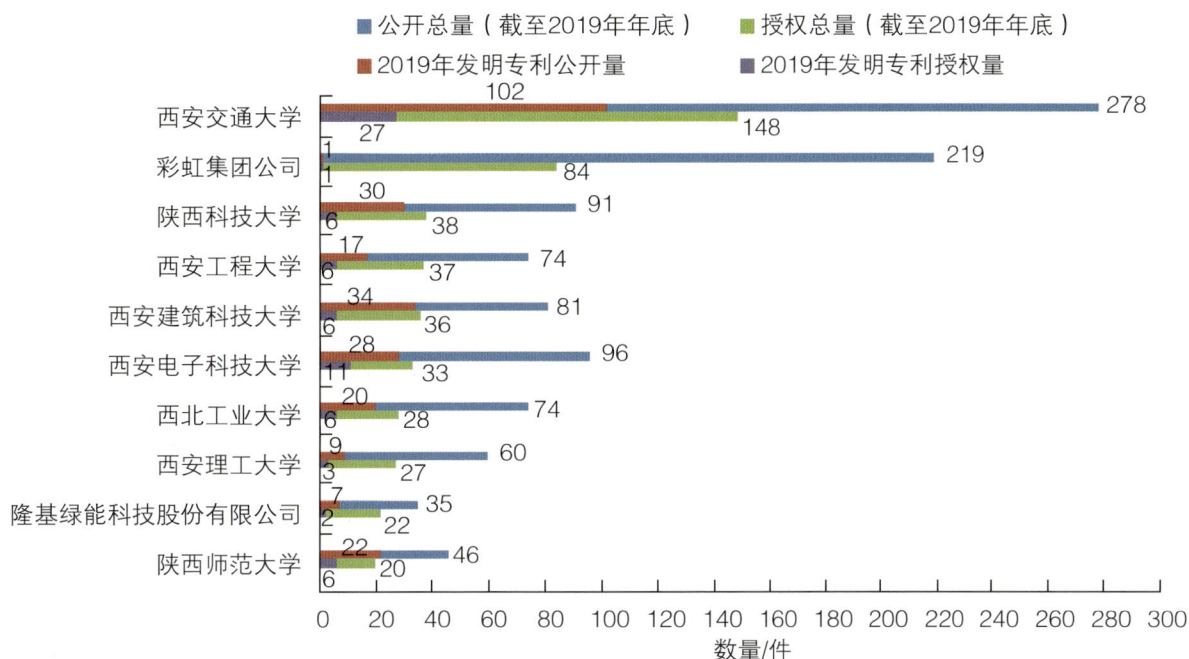

图 4-33　陕西太阳能技术领域国内发明专利申请机构 TOP 10

　　陕西企业在该技术领域的国内发明专利表现远不如省内高校，进入 TOP 10 的企业申请机构中，彩虹集团公司在该技术领域的国内发明专利量遥遥领先，但 2019 年当年在专利方面的作为呈衰退之势；3 家民营企业进入企业申请机构 TOP 10，说明在太阳能技术领域一些中小型民营企业有一定的研发实力（图 4-34）。

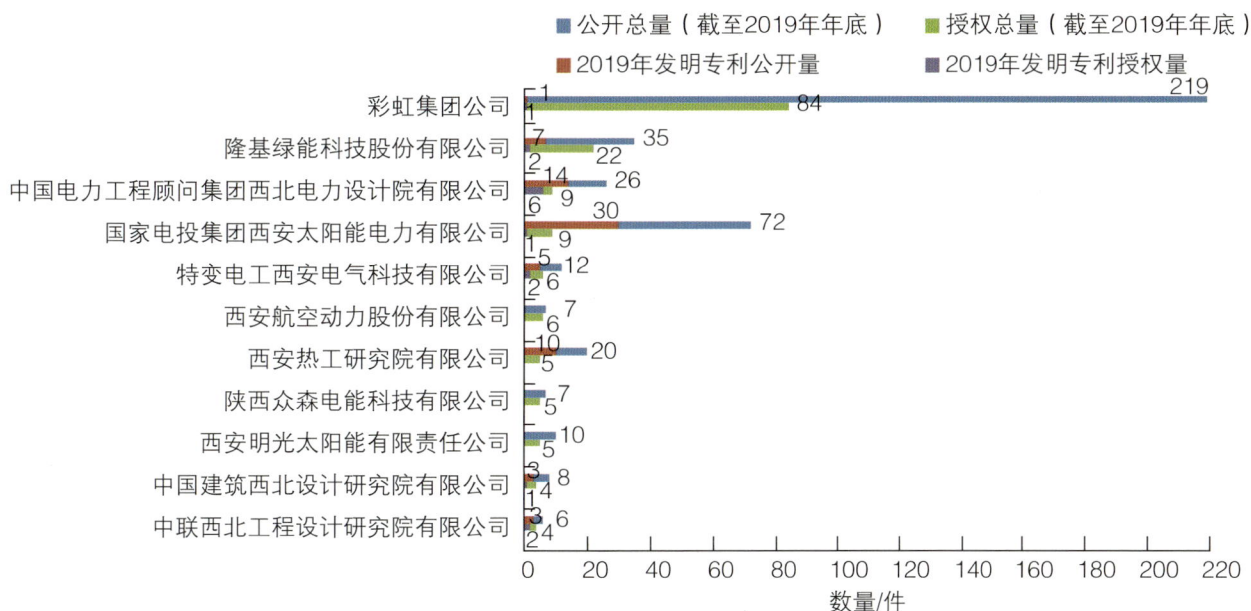

图 4-34　陕西太阳能技术领域国内发明专利申请企业 TOP 10

（3）优势技术方向

按 IPC 分类，截至 2019 年年底，陕西在太阳能技术领域国内授权发明专利主要集中在光转化为能量的装置及器件方向；特别是彩虹集团公司在 H01G（电容器、整流器）、H01M（直接转变化学能为电能的方法或装置）2 个技术方向，西安工程大学在 F24F（空气调节；空气增湿；通风）技术方向上处于全国领先地位。

陕西在太阳能技术领域国内授权发明专利的主要申请主体为省内几所主要高校和国企，少量民营企业也表现不错（表 4-12）。

表 4-12　陕西太阳能技术领域授权发明专利 IPC 分类 TOP 10

IPC 技术分类	全国（截至 2019 年年底）		陕西（截至 2019 年年底）		
	授权量 / 件	主要申请主体	授权量 / 件	占全国比重	主要申请主体
H01L（半导体器件）	12 528	佳能株式会社（130） 比亚迪股份有限公司（123） 太阳能公司（118） 常州天合光能有限公司（117） LG 电子株式会社（116）	204	1.63%	彩虹集团公司（66） 西安交通大学（29） 陕西师范大学（16） 隆基绿能科技股份有限公司（15） 西安电子科技大学（14）
H02S（由红外线辐射、可见光或紫外光转换产生电能）	4850	国家电网公司（124） 北京印刷学院（59） 河海大学常州校区（44） 阳光电源股份有限公司（44）	96	1.98%	西安交通大学（27） 西安工程大学（8） 西安电子科技大学（7） 西安明光太阳能有限责任公司（5）
H02J（电能存储系统）	3328	国家电网公司（317） 中国电力科学研究院（65） 阳光电源股份有限公司（58） 东南大学（40） 清华大学（37）	72	2.16%	西安交通大学（12） 西安理工大学（11） 西安工程大学（6） 特变电工西安电气科技有限公司（5） 中国电力工程顾问集团西北电力设计院有限公司（5）
H01G（电容器）	1334	彩虹集团公司（48） 株式会社藤仓（34） 中国科学院上海硅酸盐研究所（25） 中国科学院物理研究所（24） 武汉大学（22） 复旦大学（21）	69	5.17%	彩虹集团公司（48） 西安交通大学（7） 陕西理工学院（5） 西安电子科技大学（3） 西北工业大学（3） 西安建筑科技大学（3）

续表

IPC 技术分类	全国（截至 2019 年年底）		陕西（截至 2019 年年底）		
	授权量/件	主要申请主体	授权量/件	占全国比重	主要申请主体
F24J（不包含在其他类目中的热量产生和利用）	4378	北京印刷学院（59） 浙江大学（51） 东南大学（48） 中国科学院电工研究所（46） 上海交通大学（39）	57	1.30%	西安交通大学（18） 陕西科技大学（9） 西安建筑科技大学（6） 西安工程大学（2） 延安市琥灵节水有限公司（2）
F24S（用于直接转变化学能为电能的方法或装置）	3430	北京印刷学院（58） 东南大学（35） 中国科学院电工研究所（35） 浙江大学（34） 山东大学（29）	56	1.63%	西安交通大学（21） 陕西科技大学（7） 西安建筑科技大学（7） 西安热工研究院有限公司（2） 华能集团技术创新中心（2）
H01M（直接转变化学能为电能的方法或装置）	855	彩虹集团公司（44） 中国科学院物理研究所（21） 复旦大学（19） 中国科学院化学研究所（18） 清华大学（16） 株式会社藤仓（15）	55	6.43%	彩虹集团公司（44） 西安交通大学（5） 陕西科技大学（2） 西北工业大学（1） 西安电子科技大学（1） 西安建筑科技大学（1）
F24F（空气调节；空气增湿；通风）	456	西安工程大学（29） 上海交通大学（17） 东南大学（13） 珠海格力电器股份有限公司（13） 大连理工大学（5）	41	8.99%	西安工程大学（29） 西安交通大学（4） 西安建筑科技大学（4） 中国建筑西北设计研究院有限公司（3） 陕西科技大学（1）
G05D（非电变量的控制或调节系统）	644	浙江中控太阳能技术有限公司（14） 四川钟顺太阳能开发有限公司（11） 上海理工大学（7） 国家电网公司（7） 北京印刷学院（7） 河海大学常州校区（7）	28	4.35%	西安应用光学研究所（8） 陕西科技大学（6） 中国兵器工业第二〇五研究所（4） 中国科学院西安光学精密机械研究所（3） 西北工业大学（3） 中国电力工程顾问集团西北电力设计院有限公司（3）
F03G（弹力、重力、惯性或类似的发动机）	613	中国科学院工程热物理研究所（17） 西安交通大学（13） 浙江大学（11） 东南大学（10）	25	4.08%	西安交通大学（13） 西安热工研究院有限公司（4） 华能集团技术创新中心（2） 西安航空动力股份有限公司（2）

2. 国外专利数据

2019 年，陕西在太阳能技术领域申请的国外专利公开量合计仅有 5 件（表 4-13），均为 PCT 国际专利，比 2018 年该领域的专利公开量多 1 件。可见该领域陕西专利申请主体的境外专利活动不活跃。

2019 年，陕西在太阳能技术领域公开的国外专利共涉及 1 家申请机构，即西安威西特消防科技有限责任公司，专利公开量为 5 件，共计 10 条 DWPI 同族专利记录，主要分布在利用太阳能的蒸发盐水提取装置分布水、废水、污水或污泥的处理装置（C02F）和分离装置（B01D）。

表 4-13　陕西太阳能技术领域申请的国外专利公开数据

序号	专利名称	申请主体	主分类号	同族专利数/件
1	Solar evaporation brine extraction device	西安威西特消防科技有限责任公司	B01D	2
2	Wind tunnel type multi-stage solar evaporation and brine extraction system	西安威西特消防科技有限责任公司	C02F	2
3	Method and device for extracting mineral in salt lake water by using solar energy	西安威西特消防科技有限责任公司	C02F、B01D	2
4	Device for extracting minerals in brine water by using solar energy	西安威西特消防科技有限责任公司	C02F、B01D	2
5	Device for brine evaporation and extraction by solar energy	西安威西特消防科技有限责任公司	B01D	2

八、数控机床

1. 国内专利数据

（1）总量数据

截至 2019 年年底，陕西在数控机床技术领域的国内发明专利累计公开量为 2000 件，位居全国第十，不足排名第一的江苏总量的 1/6；2019 年当年陕西发明专利公开量为 511 件，位居全国第九，数量约为江苏的 1/5（图 4-35）。陕西在该技术领域的发明专利累计授权量为 768 件，位居全国第十，约为排名第一的江苏总量的 1/5；2019 年当年授权量 130 件，约为江苏的 1/4（图 4-36）。

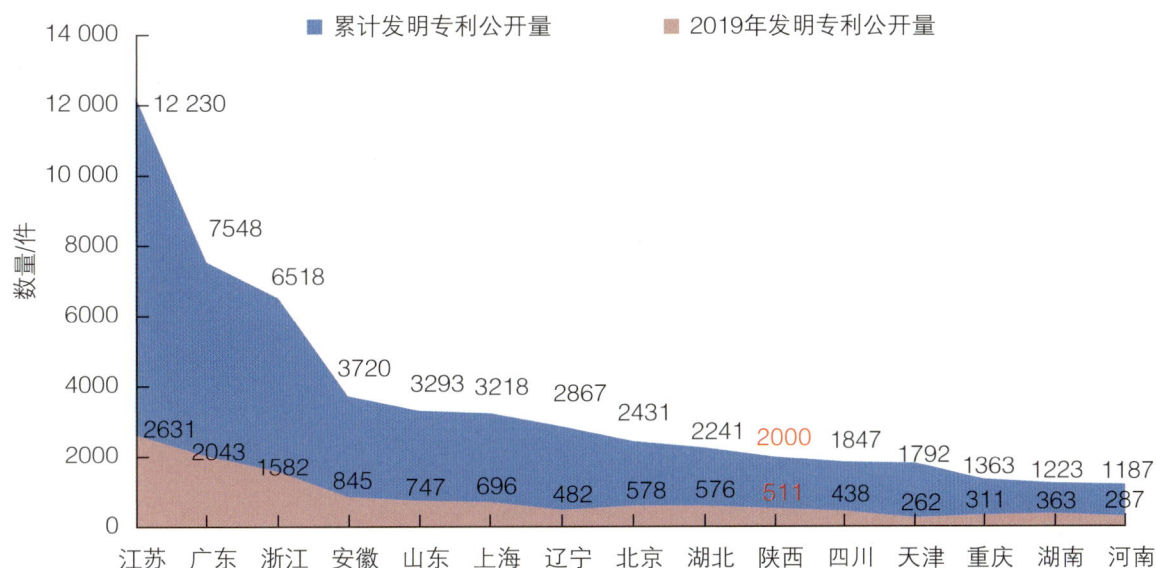

图4-35　数控机床技术领域部分省（区、市）国内发明专利公开量数据

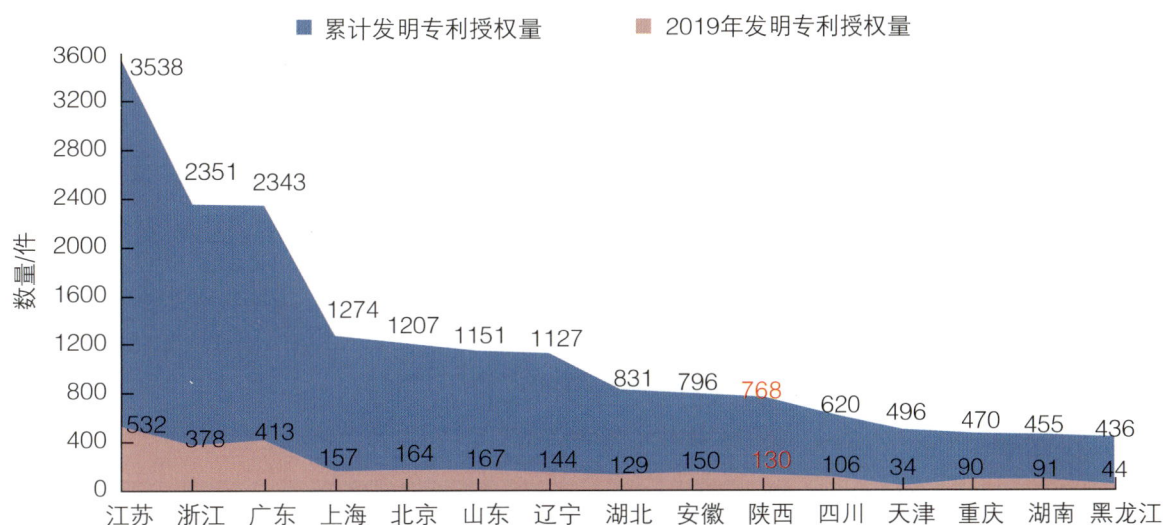

图4-36　数控机床技术领域部分省（区、市）国内发明专利授权量数据

（2）申请主体数据

截至2019年年底，陕西在数控机床技术领域的国内发明专利授权量和公开量仍以高校占据绝对优势。该领域国内发明专利申请机构TOP 10中，位居前三的西安交通大学、西北工业大学和西安理工大学发明专利公开累计量约占TOP 10机构专利累计总量的2/3，授权累计量约占TOP 10机构专利累计总量的3/4；2019当年公开量和授权量数据显示，西安交通大学、西北工业大学仍遥遥领先（图4-37）。

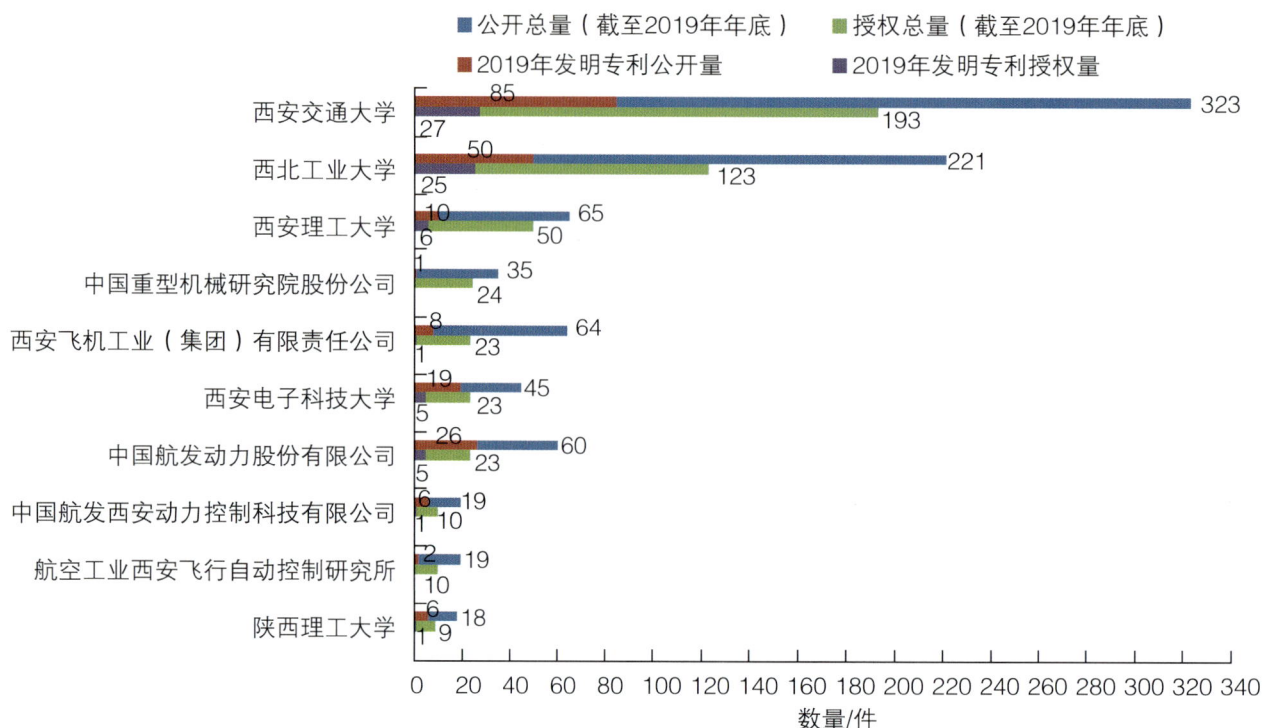

图 4-37 陕西数控机床技术领域国内发明专利申请机构 TOP 10

与陕西高校相比，陕西企业在该领域的发明专利数量普遍较少，且进入该领域国内发明专利非高校申请机构 TOP 10 的以国企为主（图 4-38），有 6 家，民营企业 4 家。

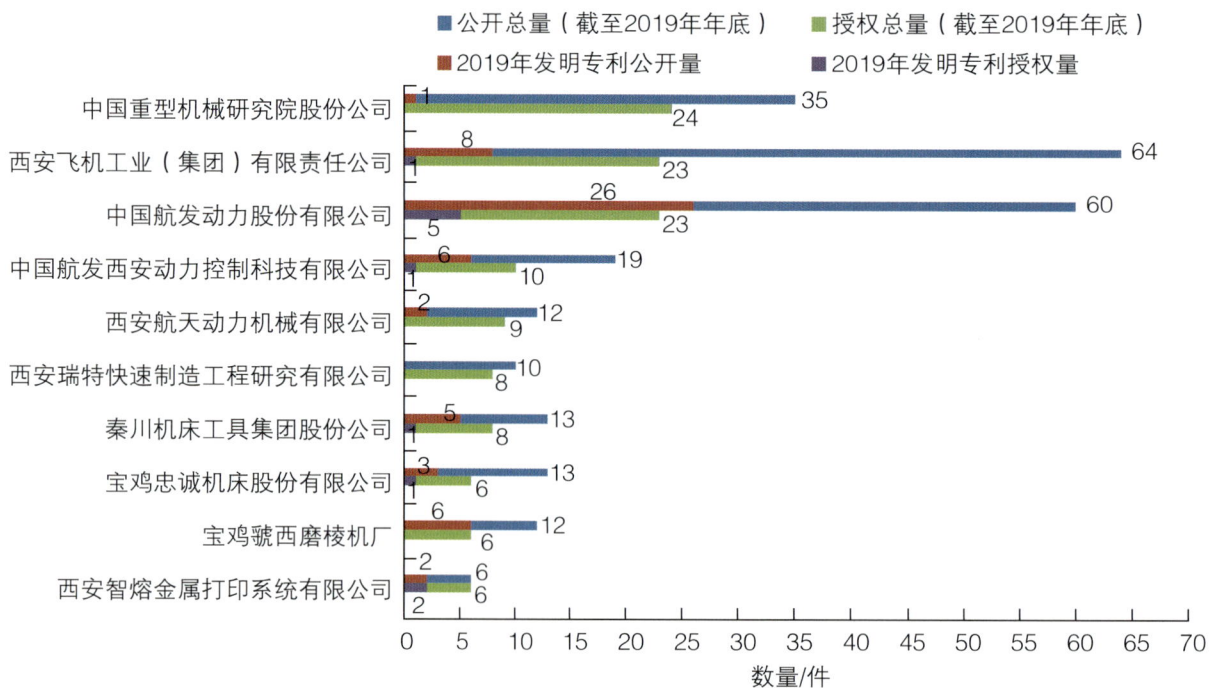

图 4-38 陕西数控机床技术领域国内发明专利申请企业 TOP 10

（3）优势技术方向

按 IPC 分类，截至 2019 年年底，陕西在数控机床技术领域的国内授权发明专利集中在机床零部件、组合加工和通用机床方面。西安交通大学和西北工业大学表现突出，分别在 B23Q（机床及其零部件）、B23C（铣削）、B21J（锻造；锤击；压制；铆接；锻造炉）、G06F（电数字数据处理）、B23F（齿轮或齿条的制造）等 5 个技术方向上进入全国申请机构 TOP 5 之列。

民营企业宝鸡虢西磨棱机制造有限公司在齿轮链轮加工制造方面表现优异，在 B23F（齿轮或齿条的制造）技术方向进入陕西申请机构 TOP 5 之列；西安智熔金属打印系统有限公司在 B23K（钎焊或脱焊；焊接；用钎焊或焊接方法包覆或镀敷；局部加热切割；用激光束加工）技术方向进入陕西申请机构 TOP 5 之列；宝鸡忠诚机床股份有限公司在 B23B（车削、镗削）技术方向进入陕西申请机构 TOP 5 之列（表 4–14）。

表 4–14　陕西数控机床技术领域授权发明专利 IPC 分类 TOP 10

IPC 技术分类	全国（截至 2019 年年底）		陕西（截至 2019 年年底）		
	授权量／件	主要申请主体	授权量／件	占全国比重	主要申请主体
B23Q（机床的零部件或附件；以特殊零件或部件的结构为特征的通用机床；不针对某一特殊金属加工用途的金属加工机床的组合或联合）	4991	清华大学（60） 佛山市普拉迪数控科技有限公司（66） 南京航空航天大学（44） 华中科技大学（43） 西安交通大学（40） 西北工业大学（40） 三菱电机株式会社（40）	186	3.73%	西安交通大学（40） 西北工业大学（40） 西安理工大学（22） 西安飞机工业（集团）有限责任公司（12） 西安航天动力机械厂（6）
B23P（金属的其他加工；组合加工；万能机床）	4011	沈阳飞机工业（集团）有限公司（34） 沈阳黎明航空发动机（集团）有限责任公司（27） 哈尔滨汽轮机厂有限责任公司（26） 华中科技大学（22） 温州职业技术学院（19）	117	2.92%	西北工业大学（12） 西安交通大学（12） 中国航发动力股份有限公司（9） 西安飞机工业（集团）有限责任公司（6） 西安理工大学（5）

IPC 技术分类	全国（截至 2019 年年底）		陕西（截至 2019 年年底）		
	授权量 / 件	主要申请主体	授权量 / 件	占全国比重	主要申请主体
G05B（一般的控制或调节系统；这种系统的功能单元；用于这种系统或单元的监视或测试装置）	1997	三菱电机株式会社（100） 华中科技大学（89） 发那科株式会社（69） 大连理工大学（55） 上海交通大学（53）	81	4.06%	西安交通大学（30） 西北工业大学（16） 西安理工大学（6） 西安工业大学（3） 西安煤矿机械有限公司（2） 中国重型机械研究院股份公司（2）
B23K（钎焊或脱焊；焊接；用钎焊或焊接方法包覆或镀敷；局部加热切割；用激光束加工）	3990	江苏大学（95） 上海交通大学（54） 华中科技大学（53） 北京工业大学（49） 湘潭大学（45）	75	1.88%	西安交通大学（13） 西北工业大学（13） 中国科学院西安光学精密机械研究所（5） 宝鸡石油钢管有限责任公司（3） 西安轨道交通装备有限责任公司（3） 西安智熔金属打印系统有限公司（3） 中国航发动力股份有限公司（3）
B23C（铣削）	712	沈阳黎明航空发动机(集团)有限责任公司（17） 西北工业大学（17） 沈阳飞机工业（集团）有限公司（16） 大连理工大学（11） 哈尔滨工业大学（11）	57	8.01%	西北工业大学（17） 西安交通大学（9） 西安飞机工业（集团）有限责任公司（4）
B23B（车削；镗削）	1722	沈阳黎明航空发动机(集团)有限责任公司（14） 北京航空航天大学（12） 浙江大学（12） 南京航空航天大学（11） 哈尔滨汽轮机厂有限责任公司（10）	49	2.85%	西安交通大学（7） 西安理工大学（5） 西北工业大学（4） 宝鸡忠诚机床股份有限公司（3）

续表

IPC 技术分类	全国（截至 2019 年年底）		陕西（截至 2019 年年底）		
	授权量 / 件	主要申请主体	授权量 / 件	占全国比重	主要申请主体
B24B（用于磨削或抛光的机床、装置或工艺；磨具磨损表面的修理或调节；磨削，抛光剂或研磨剂的进给）	1248	上海交通大学（17） 北京航空航天大学（14） 濮阳贝英数控机械设备有限公司（13） 哈尔滨工业大学（11） 湖南大学（11）	38	3.04%	西北工业大学（8） 西安交通大学（5） 中国航发动力股份有限公司（3） 西安理工大学（3）
G06F（电数字数据处理）	348	西安交通大学（14） 华中科技大学（14） 北京航空航天大学（12） 大连理工大学（12） 天津大学（11） 南京航空航天大学（11）	32	9.20%	西安交通大学（14） 西北工业大学（10） 西安瑞特快速制造工程研究有限公司（2） 西安电子科技大学（2）
B21J（锻造；锤击；压制；铆接；锻造炉）	238	天津市天锻压力机有限公司（24） 西安交通大学（17） 中国重型机械研究院股份公司（6） 山东理工大学（6） 中南大学（6） 上海交通大学（6）	29	12.18%	西安交通大学（17） 中国重型机械研究院股份公司（6） 西安理工大学（2）
B23F（齿轮或齿条的制造）	401	天津第一机床有限公司（31） 浙江日创机电科技有限公司（12） 南京工大数控科技有限公司（12） 南京工业大学（9） 西安交通大学（9） 重庆机床（集团）有限责任公司（9）	28	6.98%	西安交通大学（9） 宝鸡虢西磨棱机制造有限公司（6） 秦川机床工具集团股份公司（4） 西北工业大学（2） 西安理工大学（2）

2. 国外专利数据

2019 年，陕西在数控机床技术领域申请的国外专利公开量仅 1 件，为欧洲专利，申请人是自然人，详细信息如表 4-15 所示。

表 4-15　2019 年陕西数控机床技术领域申请的国外专利公开数据

序号	专利名称	申请主体	主分类号	同族专利数 / 件
1	Cutting bit，has base body provided with cutting tooth and conical annular wedge part，and polycrystalline diamond compact layer arranged on hard alloy base，where base body is equipped with base body upper part and base body lower part	Yang Gang	E21C	0

（本章整理编写：周立秋、龚　娟、辛　一、胡启萌、武　茜、
钱　虹、李　娟、杨程凯、张秀妮）

主要技术领域部分省（区、市）的国内发明专利数据

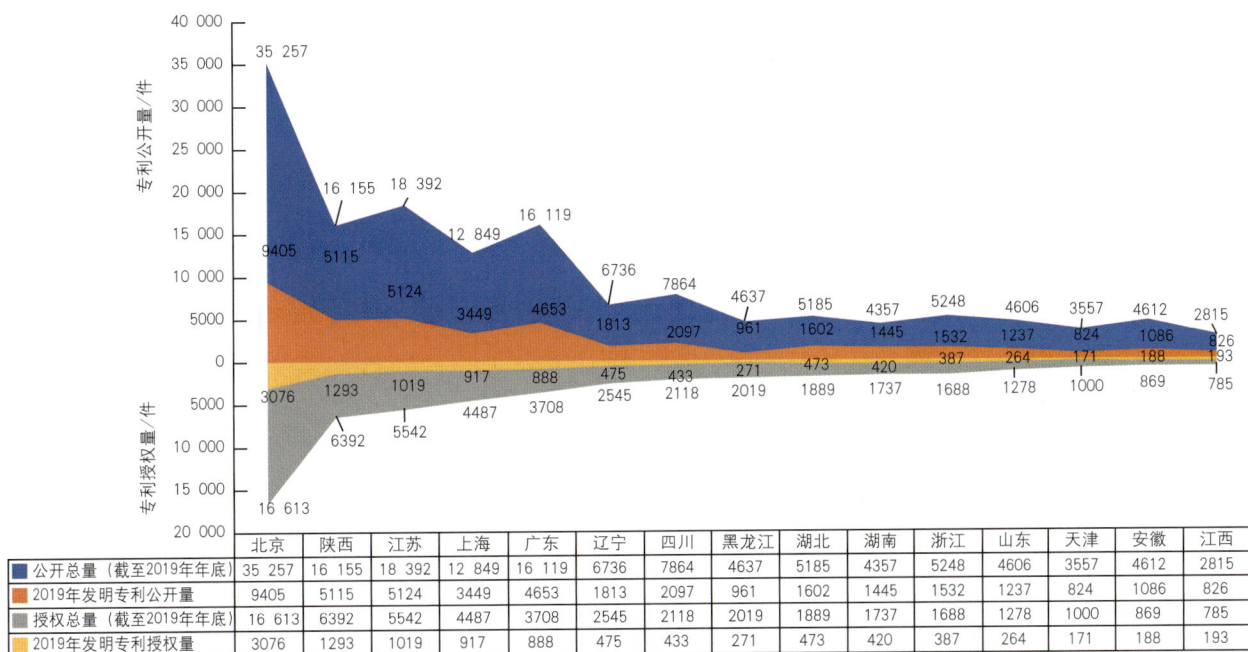

	北京	陕西	江苏	上海	广东	辽宁	四川	黑龙江	湖北	湖南	浙江	山东	天津	安徽	江西
公开总量（截至2019年年底）	35 257	16 155	18 392	12 849	16 119	6736	7864	4637	5185	4357	5248	4606	3557	4612	2815
2019年发明专利公开量	9405	5115	5124	3449	4653	1813	2097	961	1602	1445	1532	1237	824	1086	826
授权总量（截至2019年年底）	16 613	6392	5542	4487	3708	2545	2118	2019	1889	1737	1688	1278	1000	869	785
2019年发明专利授权量	3076	1293	1019	917	888	475	433	271	473	420	387	264	171	188	193

附图 1　航空航天领域部分省（区、市）的国内发明专利数据

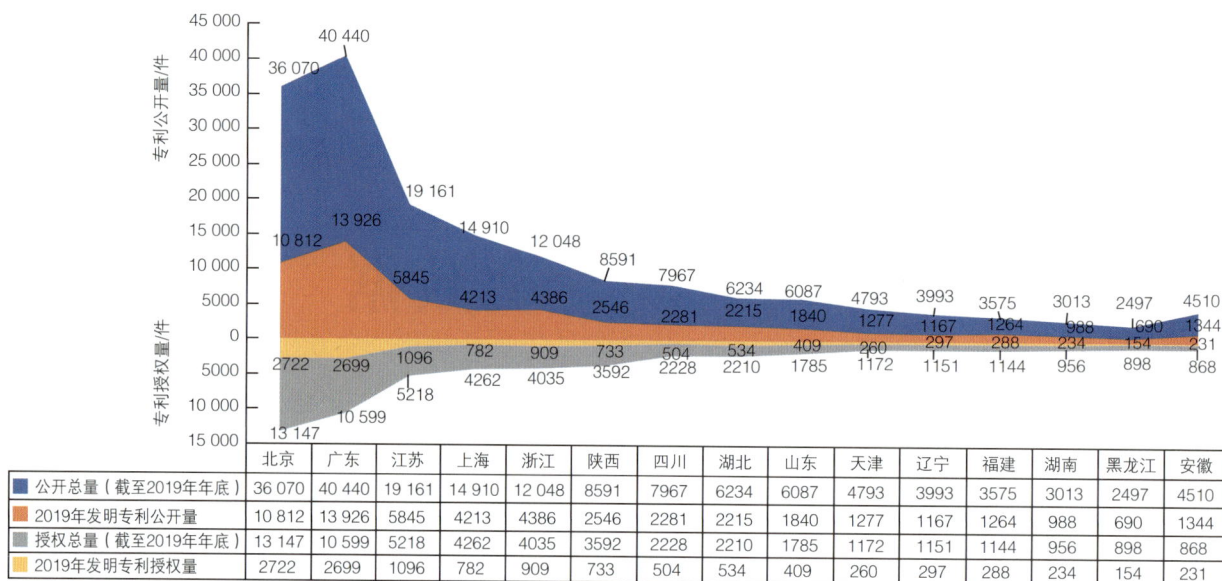

	北京	广东	江苏	上海	浙江	陕西	四川	湖北	山东	天津	辽宁	福建	湖南	黑龙江	安徽
公开总量（截至2019年年底）	36 070	40 440	19 161	14 910	12 048	8591	7967	6234	6087	4793	3993	3575	3013	2497	4510
2019年发明专利公开量	10 812	13 926	5845	4213	4386	2546	2281	2215	1840	1277	1167	1264	988	690	1344
授权总量（截至2019年年底）	13 147	10 599	5218	4262	4035	3592	2228	2210	1785	1172	1151	1144	956	898	868
2019年发明专利授权量	2722	2699	1096	782	909	733	504	534	409	260	297	288	234	154	231

附图 2　图像处理技术领域部分省（区、市）的国内发明专利数据

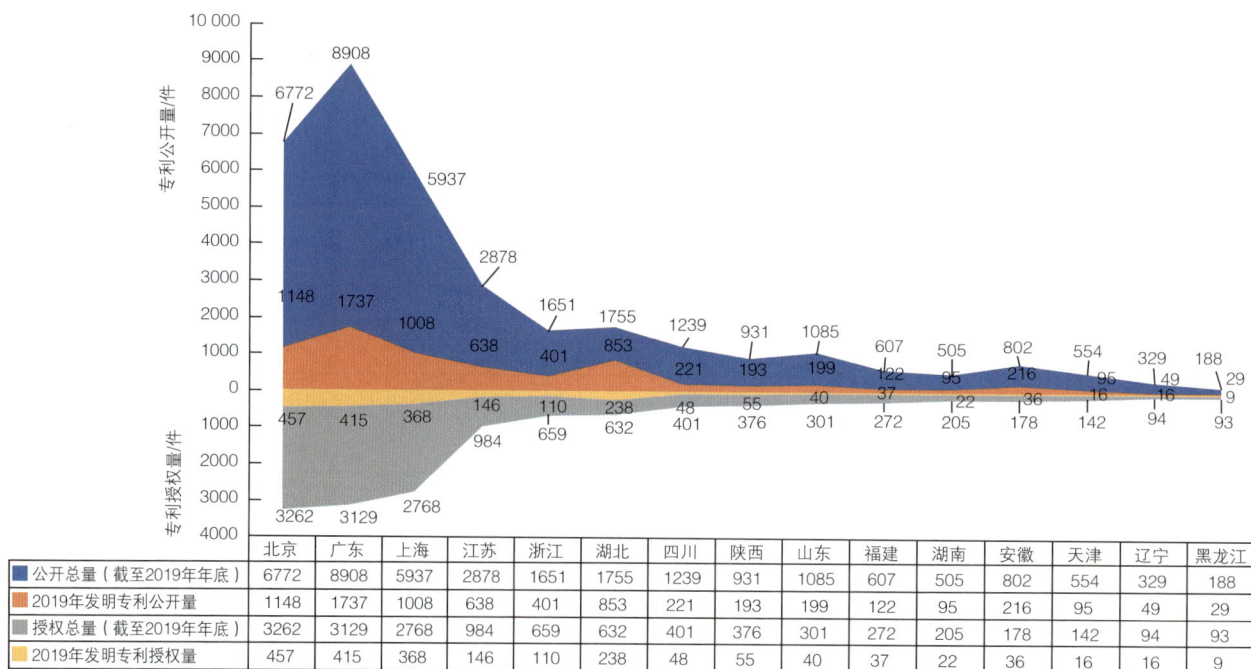

	北京	广东	上海	江苏	浙江	湖北	四川	陕西	山东	福建	湖南	安徽	天津	辽宁	黑龙江
公开总量（截至2019年年底）	6772	8908	5937	2878	1651	1755	1239	931	1085	607	505	802	554	329	188
2019年发明专利公开量	1148	1737	1008	638	401	853	221	193	199	122	95	216	95	49	29
授权总量（截至2019年年底）	3262	3129	2768	984	659	632	401	376	301	272	205	178	142	94	93
2019年发明专利授权量	457	415	368	146	110	238	48	55	40	37	22	36	16	16	9

附图 3　存储芯片领域部分省（区、市）的国内发明专利数据

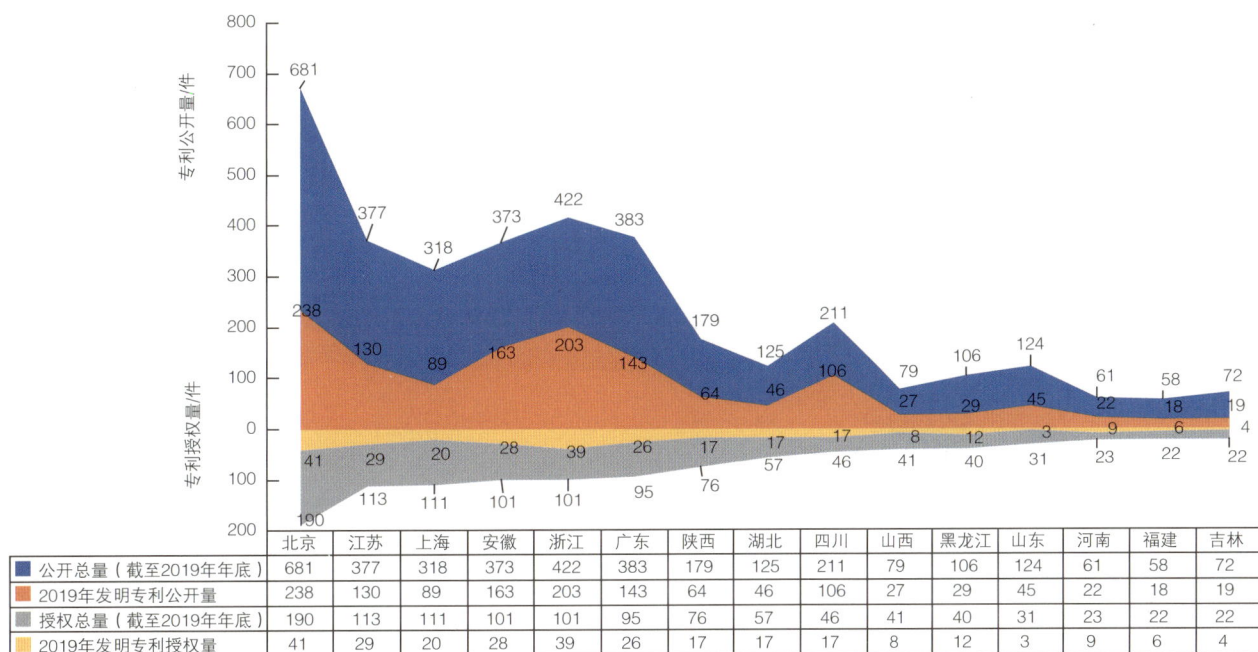

	北京	江苏	上海	安徽	浙江	广东	陕西	湖北	四川	山西	黑龙江	山东	河南	福建	吉林
公开总量（截至2019年年底）	681	377	318	373	422	383	179	125	211	79	106	124	61	58	72
2019年发明专利公开量	238	130	89	163	203	143	64	46	106	27	29	45	22	18	19
授权总量（截至2019年年底）	190	113	111	101	101	95	76	57	46	41	40	31	23	22	22
2019年发明专利授权量	41	29	20	28	39	26	17	17	17	8	12	3	9	6	4

附图 4　量子通信领域部分省（区、市）的国内发明专利数据

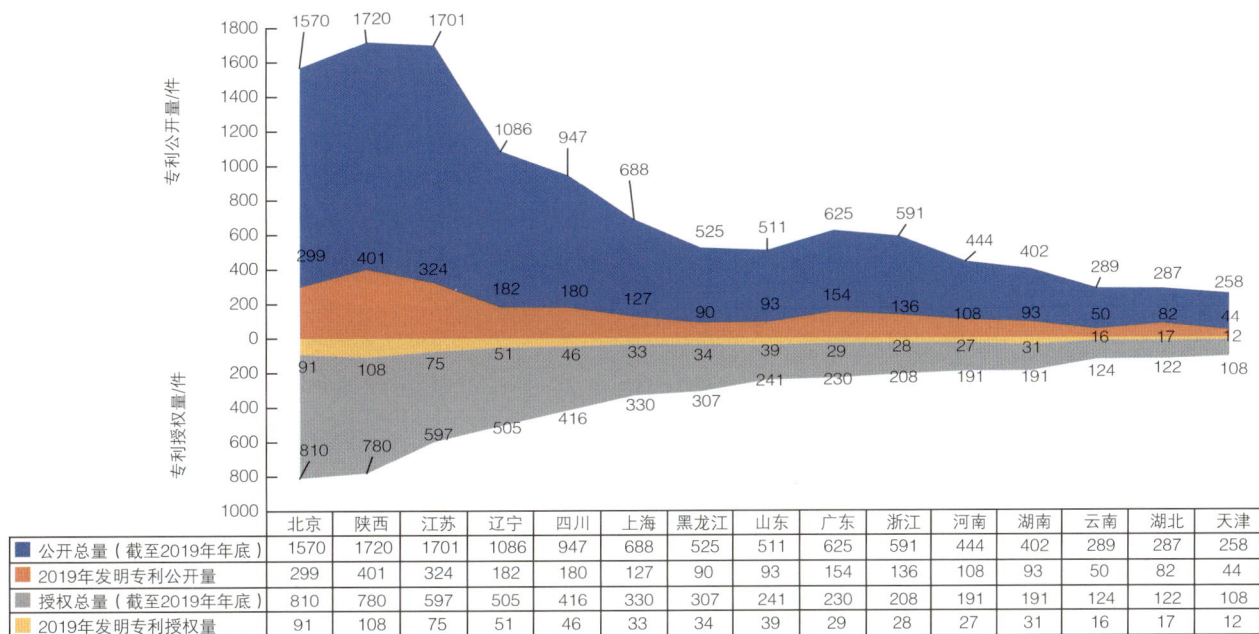

	北京	陕西	江苏	辽宁	四川	上海	黑龙江	山东	广东	浙江	河南	湖南	云南	湖北	天津
公开总量（截至2019年年底）	1570	1720	1701	1086	947	688	525	511	625	591	444	402	289	287	258
2019年发明专利公开量	299	401	324	182	180	127	90	93	154	136	108	93	50	82	44
授权总量（截至2019年年底）	810	780	597	505	416	330	307	241	230	208	191	191	124	122	108
2019年发明专利授权量	91	108	75	51	46	33	34	39	29	28	27	31	16	17	12

附图 5　钛材料领域部分省（区、市）的国内发明专利数据

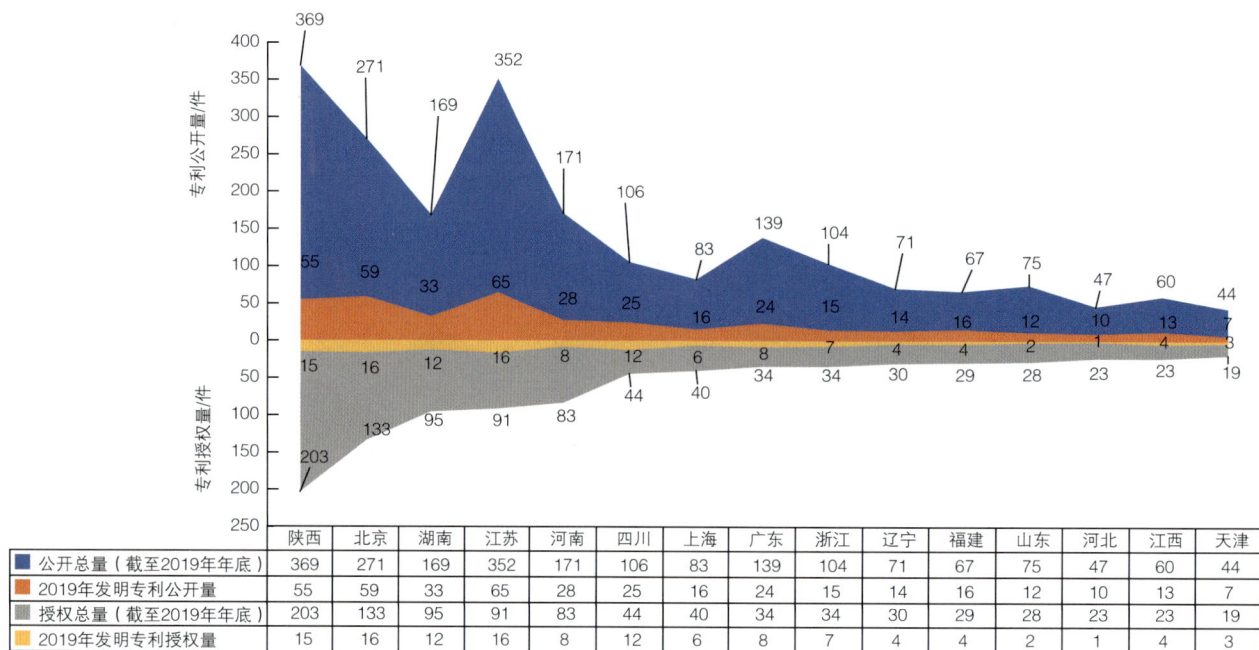

	陕西	北京	湖南	江苏	河南	四川	上海	广东	浙江	辽宁	福建	山东	河北	江西	天津
■ 公开总量（截至2019年年底）	369	271	169	352	171	106	83	139	104	71	67	75	47	60	44
■ 2019年发明专利公开量	55	59	33	65	28	25	16	24	15	14	16	12	10	13	7
■ 授权总量（截至2019年年底）	203	133	95	91	83	44	40	34	34	30	29	28	23	23	19
■ 2019年发明专利授权量	15	16	12	16	8	12	6	8	7	4	4	2	1	4	3

附图 6　钼材料领域部分省（区、市）的国内发明专利数据

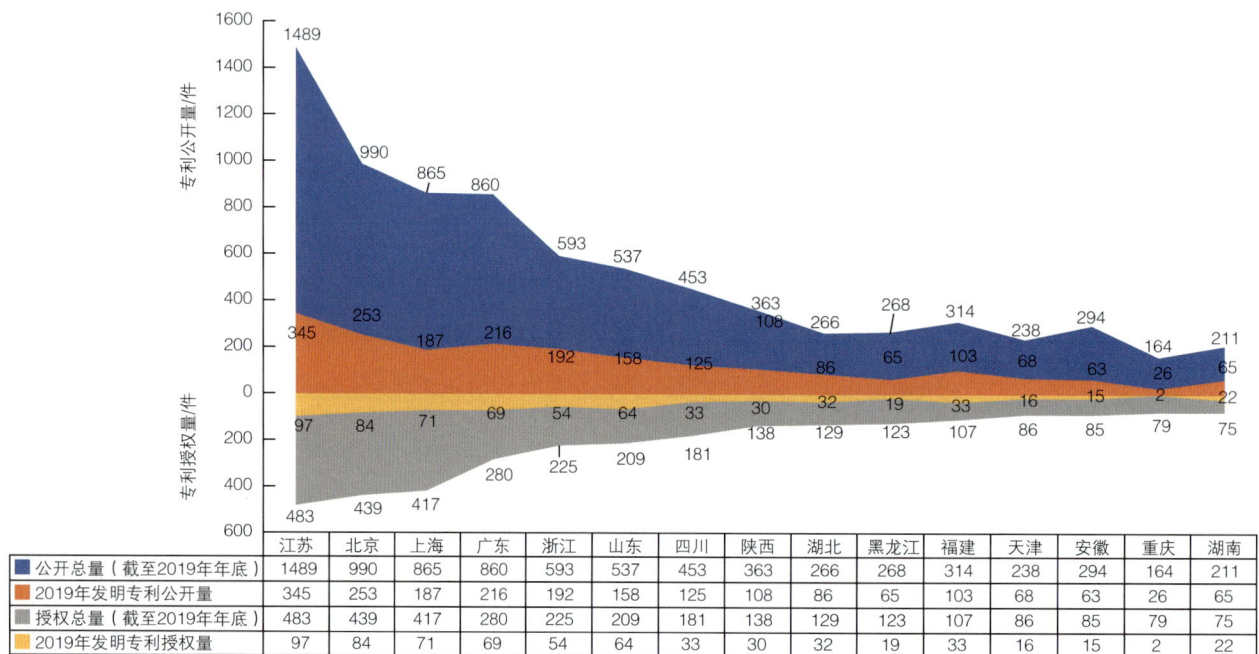

	江苏	北京	上海	广东	浙江	山东	四川	陕西	湖北	黑龙江	福建	天津	安徽	重庆	湖南
■ 公开总量（截至2019年年底）	1489	990	865	860	593	537	453	363	266	268	314	238	294	164	211
■ 2019年发明专利公开量	345	253	187	216	192	158	125	108	86	65	103	68	63	26	65
■ 授权总量（截至2019年年底）	483	439	417	280	225	209	181	138	129	123	107	86	85	79	75
■ 2019年发明专利授权量	97	84	71	69	54	64	33	30	32	19	33	16	15	2	22

附图 7　石墨烯领域部分省（区、市）的国内发明专利数据

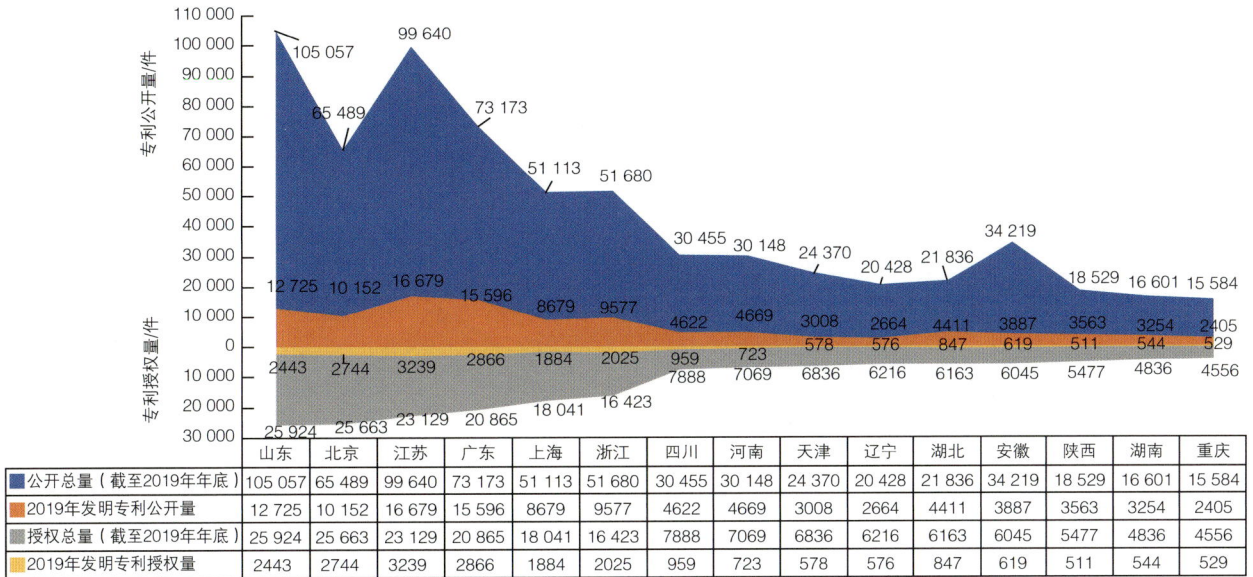

	山东	北京	江苏	广东	上海	浙江	四川	河南	天津	辽宁	湖北	安徽	陕西	湖南	重庆
公开总量（截至2019年年底）	105 057	65 489	99 640	73 173	51 113	51 680	30 455	30 148	24 370	20 428	21 836	34 219	18 529	16 601	15 584
2019年发明专利公开量	12 725	10 152	16 679	15 596	8679	9577	4622	4669	3008	2664	4411	3887	3563	3254	2405
授权总量（截至2019年年底）	25 924	25 663	23 129	20 865	18 041	16 423	7888	7069	6836	6216	6163	6045	5477	4836	4556
2019年发明专利授权量	2443	2744	3239	2866	1884	2025	959	723	578	576	847	619	511	544	529

附图 8　生物医药领域部分省（区、市）的国内发明专利数据

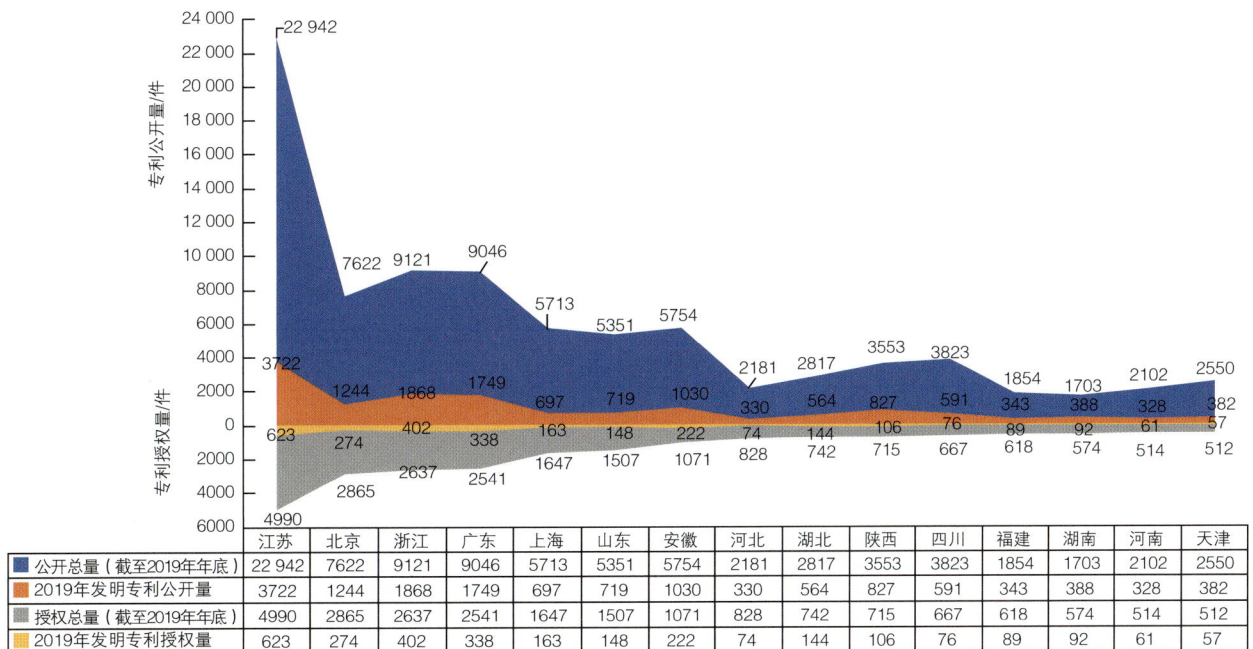

	江苏	北京	浙江	广东	上海	山东	安徽	河北	湖北	陕西	四川	福建	湖南	河南	天津
公开总量（截至2019年年底）	22 942	7622	9121	9046	5713	5351	5754	2181	2817	3553	3823	1854	1703	2102	2550
2019年发明专利公开量	3722	1244	1868	1749	697	719	1030	330	564	827	591	343	388	328	382
授权总量（截至2019年年底）	4990	2865	2637	2541	1647	1507	1071	828	742	715	667	618	574	514	512
2019年发明专利授权量	623	274	402	338	163	148	222	74	144	106	76	89	92	61	57

附图 9　太阳能领域部分省（区、市）的国内发明专利数据

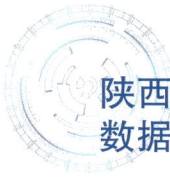

	江苏	浙江	广东	上海	北京	山东	辽宁	湖北	安徽	陕西	四川	天津	重庆	湖南	黑龙江
■ 公开总量（截至2019年年底）	12 230	6518	7548	3218	2431	3293	2867	2241	3720	2000	1847	1792	1363	1223	1024
■ 2019年发明专利公开量	2631	1582	2043	696	578	747	482	576	845	511	438	262	311	363	210
■ 授权总量（截至2019年年底）	3538	2351	2343	1274	1207	1151	1127	831	796	768	620	496	470	455	436
■ 2019年发明专利授权量	532	378	413	157	164	167	144	129	150	130	106	34	90	91	44

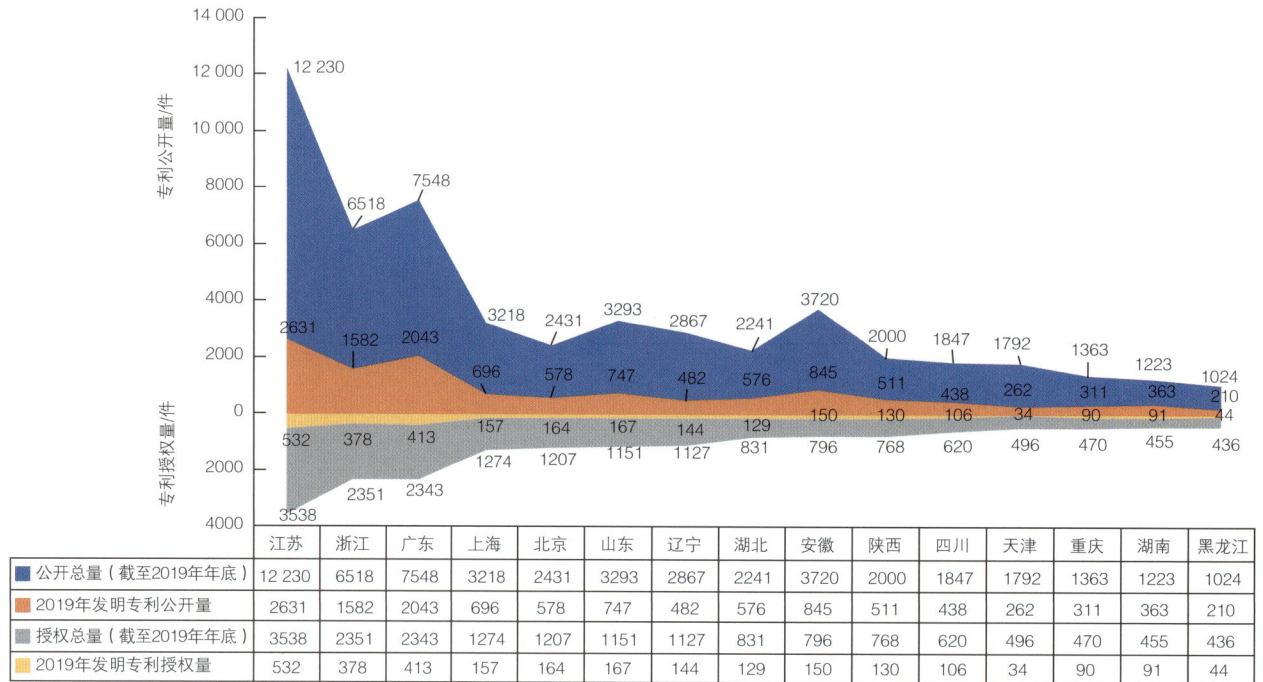

附图10　数控机床领域部分省（区、市）的国内发明专利数据

指标解释

● 公开专利量（件）：指当年许可公开的专利总数，包括发明专利公开量（当年授权的发明专利数量＋当年许可公开但未授权的发明专利数量）、当年实用新型和外观设计授权量。

● 专利授权量（件）：当年某地区各类申请人的专利授权数，包括授权发明专利、实用新型和外观设计3类。

● PCT公开量（件）：指发明人或发明持有者按世界知识产权组织PCT程序（国际阶段）提交的发明专利公开量。

● 专利技术分类：是指按专利IPC分类号所划分的技术类别。

● 有效发明专利：指发明专利申请被授权后，仍处于有效状态的专利。

● 专利经济效率（件/百亿元）：指每百亿元GDP专利授权量。当年专利授权量/上一年度地区生产总值。

● 专利密度（件/万人）：指授权专利密度和有效专利密度。

● 授权专利密度（件/万人）：指每万人所拥有的专利授权量和每万人所拥有的发明专利授权量。截至当年年末专利授权量和发明专利授权量/上一年度年末常住人口数量。

● 有效专利密度（件/万人）：指每万人口有效发明专利拥有量。截至当年年末有效发明专利数量/上一年度年末常住人口数量。